中国建筑名家文库

顾馥保

文集

Collected Works of Gu Fubao

顾馥保 著

华中科技大学出版社
http://www.hustp.com
中国·武汉

作 者 简 介

顾馥保,1933 年 11 月出生于上海,1956 年毕业于南京工学院(今东南大学)。

历任郑州大学教授、河南理工大学兼职教授,是河南省首批工程勘察设计大师,国家一级注册建筑师。1989 年由国家公派赴美国内布拉斯加州立大学做高级访问学者。1992 年起享受国务院政府特殊津贴。

主编《中小型民用建筑图集》(1980 年,中国建筑工业出版社)、《国外建筑画选》(1985 年,河南美术出版社)、《公共建筑图集》(1986 年,中国建筑工业出版社)、《民用建筑设计选》(1988 年,河南科技出版社)、《中国现代建筑 100 年》(1999 年,中国计划出版社)、《徐敦源 顾馥保教授建筑设计作品选》(2000 年,东南大学出版社)、《建筑设计作业选》(2002 年,郑州大学出版社)、《商业建筑设计》(2003 年,中国建筑工业出版社)、《建筑形态构成》(2009 年,华中科技大学出版社)、《现代景观设计学》(2010 年,华中科技大学出版社)、《建筑线描》(2016 年,华中科技大学出版社)等著作。

主要建筑设计作品有郑州工学院科技报告厅(1981 年)、鹤壁中国工商银行(1994 年)、漯河房地产交易市场(1999 年)、郑州升达艺术馆(1997 年)、南阳理工学院国际会馆(2000 年)、红旗渠分水岭展览馆(2001 年)、漯河体育馆(2001 年)、安阳电信局营业厅大楼(2001 年)、河南省委第二招待所(2002 年)、京珠高速公路郑州黄河大桥拱门(2004 年)、郑州大学新校区教工住宅区规划(2007 年)、河南职业技术学院音乐学院(2008 年)、福森半岛假日酒店(2008 年)、中牟新圃街小学(2009 年)、十里铺商业中心(2010 年)、高速公路服务性建筑(2003—2009 年)、漯河游泳馆(2011 年)、郡临天下居住区(2011 年)、中牟新型农村社区(2013 年)。

作为高级访问学者于 1989 年在美国维琴尼亚理工大学建筑学院前与该院王绰教授合影

20 世纪 90 年代在广州与莫伯治先生合影

参加同济大学建筑学博士生论文答辩会,导师戴复东先生(左三)、委员聂兰生先生(左六)、蔡镇钰先生(右二)

郑州工学院刘大壮副院长（右三）会见来访的美国内布拉斯加州立大学建筑学院院长 E. Steward

参加某建筑会议后游猛洞河合影：前排钟训正先生（右一）、唐葆亨先生（右二）、吴良镛先生（右三）

21世纪初返母校东南大学与恩师、校友聚会合影：丁大钧先生（前排右一）、刘光华先生（前排中）、
冯铭硕先生（前排左一）、王建国先生（后排右一）

京珠高速公路郑州黄河大桥留影

承程泰宁院士之邀,同窗好友在杭州聚会(一)

承程泰宁院士之邀,同窗好友在杭州聚会(二)

"纪念顾馥保先生从事建筑教育和设计创作六十周年学术研讨会"会议留影

河南省土木建筑学会两位副理事长李绪荧（左一）、王新泉（右一）为盛养源（左二）、
顾馥保（右二）两位教授颁发"终身荣誉会员"证书

与河南省土木建筑学会副理事长王新泉在会议上合影

"纪念顾馥保先生从事建筑教育和设计创作六十周年学术研讨会"的部分参会人员合影

"纪念顾馥保先生从事建筑教育和设计创作六十周年学术研讨会"郑州大学建筑学院贾志峰书记发言

"纪念顾馥保先生从事建筑教育和设计创作六十周年学术研讨会"河南城建学院邢燕教授发言

郑州大学建筑学院为纪念顾馥保先生从事建筑教育与建筑创作六十周年召开座谈会青年教师献花

郑州大学建筑学院为纪念顾馥保先生从事建筑教育与建筑创作六十周年召开座谈会参会人员合影

郑州大学建筑学院为纪念顾馥保先生从事建筑教育与建筑创作六十周年召开座谈会会议后部分参会人员合影

自序——顾馥保建筑设计作品集

经历了中华人民共和国的建立、发展与改革开放，并在这一过程中成长的我，有幸在建筑教育与建筑设计岗位上走到了今天。

20世纪末，我与同窗好友徐敦源先生共同出版过一本建筑设计作品选，一晃进入21世纪又过了十余年，我在2001—2005年的作品选中写下了："五十余年的教学工作，课余笔耕不辍，挚爱的教学工作与钟情的建筑创作相结合是我的追求，时代与机遇更给了我建筑创作的大环境……给了我晚年生活的充实，发挥了一点余热。"尤其是国家改革开放近40年来，经济发展，城镇化的进程加快，无论在项目的规模、类型还是在复杂程度等方面都有了新的进展与要求，诸如规模较大的居住区规划建设、大型公建项目、高速公路的服务性建筑以及农村新社区的规划建设，我主持与设计的建筑项目大大小小有二百余项之多。虽然谈不上有什么深思熟虑、精品之作，但总想在方案的构思和理念上有所新意、突破，正如齐康先生为我们当年第一本作品选所作前言中指出的"……做到了此时、此地、此情和彼时、彼地的适配"，"……工程不论大小，关键在于'求精''求实''一种平凡之气'"，这些评语可以说成为我在创作上多年的一份"坚守"，建筑创作毕竟受着多方面的制约，无论是"适用、经济、美观"，还是"功能、技术、环境"，坚守着这些要素之间主次、辩证关系的统一，立足于建筑的"本源"成了我进行建筑设计的基本信念。

回顾走过的建筑设计生涯，从步履维艰的年代，后又面临着建筑作为商品的汹涌大潮，创作手法中西交融、古今杂糅的多元化时代，而手法的堆砌与融汇、借鉴与创新难以像小葱拌豆腐那样一清二楚，只有紧紧把握创作的机遇，倾注关爱作品的意识，多一点理性、少一点拼凑，多一点文化思考、少一点浮躁，多一点时代感、少一点时尚，努力做好每一项设计。

有位作家说过："把个人的工作与爱好的事业结合在一起，那么这个人是幸运的。"如今，虽然已步入了耄耋之年，但还可做些力所能及之事，把我多年来的各个设计项目、论著以及建筑画作品进行整理，汇编成册，不揣谫陋，请同行读者指正。

最后，在此谨向多年来一起合作、参与、共事以及给予工作支持的院领导及社会各方人士表示衷心的谢意。

顾馥保
2017 年 3 月

注：《顾馥保建筑设计作品集》已于2015年12月由河南科学技术出版社出版。

前 言

笔者将时间跨度上长达半个多世纪发表在各类刊物上的文章一一整理,归纳起来大致为各类建筑的调查,建筑设计的总结,教学方法、办学思想的探讨,专题著作的序言,等等。

回顾大学学习期间,受前辈恩师杨廷宝、童寯、刘光华、李剑晨等教授的亲授,他们的言传身教、优秀作品的熏陶,使我打下了坚实的专业基础,一生受用。

走上社会后投入教学及设计实践中,20世纪60年代河南省厅组织的洛阳拖拉机职工住宅区的调查使我第一次对省情、市情、居住区住宅的规划设计有了较为真切的了解,不仅让我掌握了对以后的各类建筑进行调查的方法,更重要的是加深了对建筑社会意义的认识,为设计、教学的工作方法打下了更坚实的基础。虽然早期写的一些调查报告,有的内容似乎已时过境迁,相对于今日的发展来说已是遥远的事,但这些调查报告作为一种学习、工作的方法,永远不会过时。"任何一个部门的工作,都必须先有情况的了解,然后才会有好的处理"。① 毛主席这一教导,我深深铭记在心。

城市建设中量大面广的住宅建筑,从解决"有、无"问题到居住区规划、户型设计、面积定额、规划布局等的创新,以及对商业建筑从早期的住宅底层商店的建筑调查到香港居住区及购物中心的建筑调查,通过观察、长期资料的积累、综合整理,为编写《城市住宅设计》《商业建筑设计》提供了良好的前提。

20世纪80年代初,改革开放,国外建筑、艺术思潮的涌入,以及建筑学专业恢复招生,朦胧初识的构成意识激发起在一年级建筑初步教育中的改革设想,从传统的模仿式的制图技法训练,到点、线、面构成设计的引入,在以后3~4年的设计教学中起到形成"思维定势"、培养"创新意识"的作用。

20世纪80年代末,受国家公派作为高级访问学者赴美国内布拉斯加州立大学、维琴尼亚理工大学进行考察。在半年时间内专注于"初步"教学的观察与学习,获益匪浅,加深了关于"构成"设计对培养现代设计人才以及进行建筑创作的作用的理解。在此基础上,与同事合作编著了《建筑形态构成》《现代景观设计学》等教材。

无论在设计教学中还是在项目创作中,都坚守着"一支笔"作草图、改图的传统做法,这对方案的立意、修改、完善起着快速而有效的调节作用。"一个理念"的确立,可尽可能摆脱模仿、生搬硬套,但又不是无源之水、无根之木,而是将综合理论与技法、技术作为切入基点,使之成为历史传统、现实与创新的"一点突破口"。无论立足于哪一方面,如"时空观"

---

① 参见毛泽东《改造我们的学习》,《毛泽东选集》(第三卷)。

"技术观""地域观""趋同与多元"等,当方案实现后,回顾得到的一些收获及社会认可,可及时提交"一篇总结"。

从 20 世纪初开创中国现代建筑与建筑学教育,几代建筑师创作了大量丰富而多彩的作品,尤其在 20 世纪后期我国改革开放后给予建筑师更多的创作机遇,这些作品记录了时代的发展。在新世纪来临之际,我有幸参与编写并主审《中原建筑大典》(四卷本)以及《中国现代建筑 100 年》,在建筑史学方面加强了对"识兴衰、知交替、谋发展""历史是未来的伴侣"的深沉而厚重的认识,初步梳理了建筑文化脉络、继承与创新的辩证思维,为建筑——"石头的历史"发出时代与文化的交响做一点工作。

本文集是《顾馥保建筑设计作品集》的姐妹作,在广阔建筑天地中仅是沧海一粟、一得之见。不当之处,请予以指正。

本文集的出版,承华中科技大学出版社及编辑简晓思的支持与协助,谨致深切谢意。并再次感谢多年来在各项工作中给予帮助及支持的领导、同事、学生、社会各界的朋友们。

顾馥保

2017 年 10 月

目　　录

上篇 学术论文

1. 福森半岛假日酒店设计

福森半岛假日酒店地处河南省淅川县境内,位于举世闻名的南水北调水源地——丹江口水库东北岸的丹江大观苑约3 km处的山岭上,周边山峦起伏,遥望水库,碧波千顷,天水一色,景色优美。

福森集团为满足景区旅游、休闲、度假的需要,拟建一座拥有百余自然间客房,中、西餐厅,大中型会议室、接待室,室内、室外游泳池等设施的五星级宾馆。目标简明,任务明确。经提交三个不同方案后,甲方择其一——锤定音,规划审批,图纸审查,进展顺利,在不到两年时间里,几下工地,配合装修、施工,落成后投入使用,反映良好,总结成文以祈同行指正。

一、功能的回归

由于基地既有环境优美的一面,又有地形狭长、坡度较陡的一面,因此要分析朝向、地貌特征、地形高差、外部道路出入口的位置等诸因素对建筑总体布局的影响。如两侧东西向的陡坡制约以及北向仅有的通向景区的公路,这些决定了方案起始的切入点(见图1.1、图1.2)。为了总体上突出北向的入口广场及环境绿化,坐北朝南的主楼限定了客房标准层的长度,以及客房标准层的层数,因此控制长度、决定层数、满足功能使用要求成了方案的立足点(见图1.3、图1.4)。此外,结合酒店公共部分的门廊、大厅、餐饮、娱乐、体育设施,利用南坡下降的地形设置多层平台,不仅为旅客提供了更多的户外活动场所,而且使布局紧凑、分区明确,空间序列、流线清晰成了方案的一个亮点。

二、造型的逻辑

所谓"逻辑",在建筑创作中,是对功能、技术、造型的一种理性思维,把这种内在必然联系通过外部形象予以反映。如主楼平面打破了一字形的体量,采用折线处理(见图1.5至图1.7),一是受了基地长度的限制,二是折线面扩大了客房阳台的视线,三是一侧层层收进的斜面,与基本斜坡的自然延伸,又改变了矩形体量的沉重感。另外,顶层采用"孟沙"(monsad)式的深蓝灰色的挂瓦屋顶(见图1.8),以及突出屋面的主次楼梯间处理,既摆脱了高层"飘架"风的惯常手法,又增添了建筑色彩效果,丰富了天际轮廓线,而东向、南向的层层退台,横向线条的楼层阳台实板划分,则强化了造型的舒展,使主楼挺拔而轻盈。

三、环境的融合

当今,建筑作为一种商品似汹涌大潮来临之际,在建筑创作中崇尚铺张、追求奢侈之风,环境与生态被破坏之势,似乎越演越烈。提出和加强对建筑与自然环境的关注,更是时代的要求。

回顾对建筑与自然环境关系认识的发展,经历了从敬畏自然、改造自然、征服自然到顺随自然、融入自然及与自然和谐相处的历史进程。无论是"建筑与环境"的共生,"广义建筑学"与"园林城市"的理念,

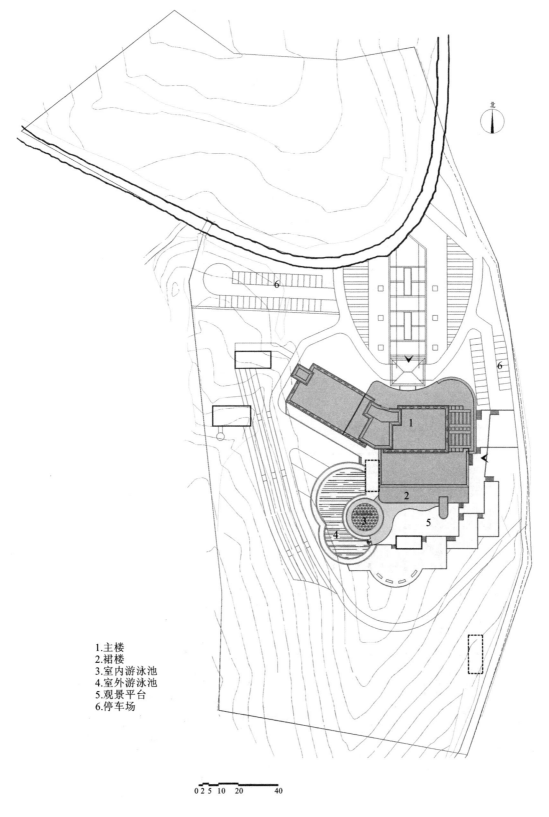

北

1.主楼
2.裙楼
3.室内游泳池
4.室外游泳池
5.观景平台
6.停车场

0 2 5 10 20 40

图 1.1 总平面图

图 1.2　方案一（中选方案）

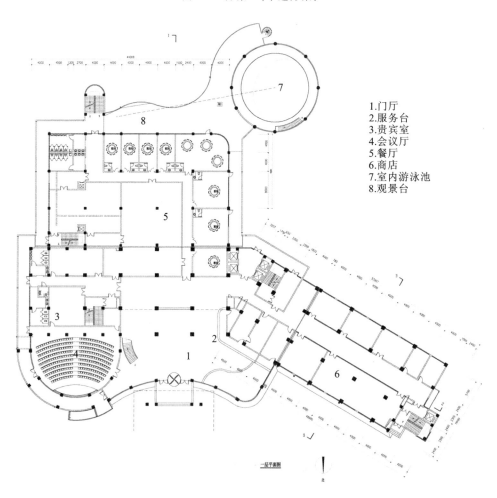

1.门厅
2.服务台
3.贵宾室
4.会议厅
5.餐厅
6.商店
7.室内游泳池
8.观景台

图 1.3　一层平面图

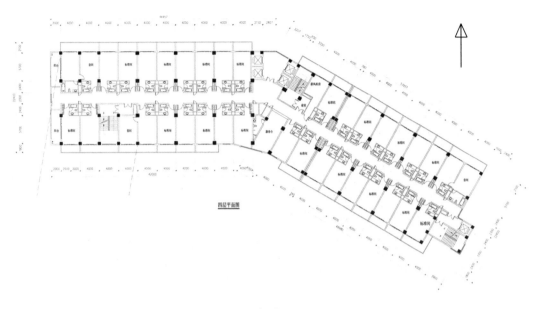

图 1.4　标准层平面图

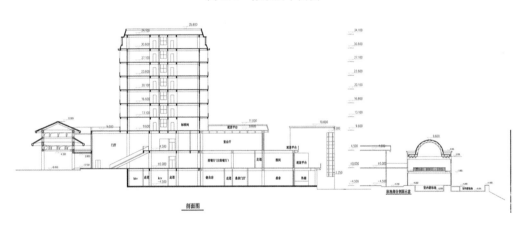

图 1.5　剖面图

图 1.6　酒店外观

图 1.7　南向外景

图 1.8　方案二

还是可持续发展、生态、绿色建筑理论的发展,无一不为建筑创作注入了新的关注与科学实践基础。

　　酒店建筑被誉为城市的报春花,在旅游景区更应显示其强烈的个性,为景区环境增色,以鲜明的形象将时代的特色融入环境之中。

　　在设计实践中,从总体布局、空间序列、形态、细节等方面力图融合这些理念,体现一些创作中坚守的思想,达到"我见青山多妩媚,料青山见我应如是"的心与境合、物我两化的环境意识,将是今后不断追求的更高层次的目标。

（原载于 2013 年第 3 期《建筑与环境》）

2. 大题目 小文章
——高速公路的服务性建筑设计

　　高速公路的服务设施项目包括服务区、停车区、收费站、管理站、加油站等。伴随着高速公路的飞速发展,司乘人员对服务设施的要求逐步提高,以及服务设施对人车吸引强度的加大,对高速服务性建筑提出了越来越高的要求。这些新类型的中小型公共建筑,虽然在功能上不是很复杂,但技术上、形象上的要求并不低;虽然规模不大,但在数量上犹如密布在大地上的繁星点点,房建工程在高速公路建设总投资中所占的比例不大,但在服务上、造型上将给人留下难以磨灭的印象(见图2.1至图2.4)。

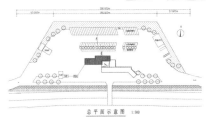

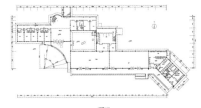

图2.1 商城服务区

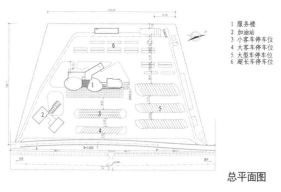

1 服务楼
2 加油站
3 小客车停车位
4 大客车停车位
5 大型车停车位
6 超长车停车位

总平面图

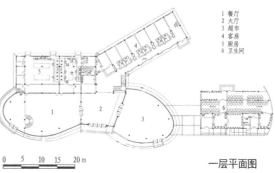

1 餐厅
2 大厅
3 超市
4 客房
5 厨房
6 卫生间

0　5　10　15　20 m

一层平面图

图 2.2　封丘服务区

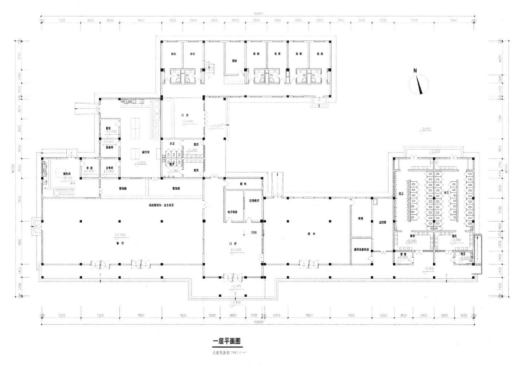

一层平面图

图 2.3 郑尧线郑州南服务区(设计单位:河南省交通勘察设计院)

外景

建筑面积：535 m²

建造年月：2008年

　　南阳地区各线服务区以不同造型的坡顶、蓝瓦、连廊对称布置，形成统一的地方特色。

北

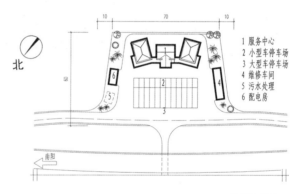

1 服务中心
2 小型车停车场
3 大型车停车场
4 维修车间
5 污水处理
6 配电房

南阳

总平面图

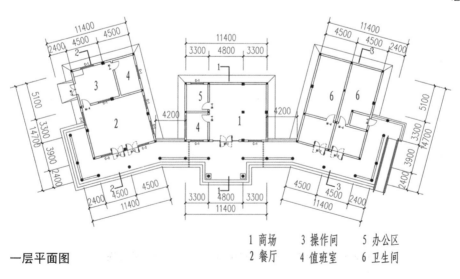

一层平面图

1 商场　　3 操作间　　5 办公区
2 餐厅　　4 值班室　　6 卫生间

图 2.4　南阳服务区（设计单位：河南省交通勘察设计院）

河南省十余年来进行高速公路建设，至 2004 年底已建成高速公路通车里程达 1758 km，年均增长达 36.04%，一个纵贯南北、连接东西的高速公路"十字"主骨架已经形成。例如，贯穿河南省南北的阿深线、京港澳线，在河南省省域内全长 500 余千米，著名的第二亚欧大陆桥中的连霍线横跨河南省，省内路段全程约 610 km，高速公路的建设在经济活动中对时间与空间的效益显现出不可估量的价值。随着建设量的猛增，做好服务设施建设的规划，提高高速公路房建工程的设计质量，不断总结经验，必将把推动与促进这一新型公共建筑建设的创作，提升到一个新的水平。本文将通过近年来参与服务区房建建设过程中的一些体会与感受记录下来，以引起同行们的关注，并求指正。

一、服务性建筑设计回顾

服务区的规划设计，其主要方面应从服务区的选址、用地、流量（停车位需求分析）、间距、线形等路网总体规划布局考虑，还涉及服务设施的诸多组成要素，如停车场、中心建筑（餐饮、超市、休闲区、公共厕所）、广场、绿地、匝道以及加油站、修理站等。因此，服务性建筑虽是建设项目的一个子项，但在服务区合理布局的前提下，满足服务功能要求仅是一个方面而已，通过十余年服务区房建工程的设计、建设、调研，对相关工作作出新的改进与调整。①

①随着近年来车辆的增加大大地超出了预计，因此，停车车型分区、用地面积难以适应，需根据车流量适当扩大用地，增加停车区，如由于先前区段间距过大，从平均每 50 km 设一服务区，加设中间停车区，以缓解停车拥挤情况。服务区的用地面积按省厅规定建议定为 10～14 hm²。

②总体布置，依车辆的类型、比例来划分停车区，充分估计停车数量的递增，确定位置与布置方式，做好功能分区。

③在服务功能方面，增加餐饮供应品种，合理制定餐、厨面积比例，以及增加职工休息、办公场所，厕所面积至少满足两辆大型客车的乘车人员同时如厕的要求等，休闲场地、加油站位置、车道布置……除硬件的配置外，软件服务质量也需要相应提高。

④充分利用与发挥区位的景观资源，加强场所的识别性、诱导性与吸引力，使驾驶员、旅行人员得到休息与服务。

二、高速公路服务性建筑的基本特征

在建筑方案的创作中，试图从以下几个方面着手，以体现这一新型建筑类型的特征。

（1）地区性

高速公路的沿线、沿途无论是平原，还是依山、傍水，或是丘陵、坡地……服务性建筑的选址往往都是在开阔、环境优美的地段。建筑设计不仅应分析所处地段以及建筑所处不同城乡路段的文化、历史背景，还应重视环境与地区的建筑风格。早些年的服务性建筑，往往对各线功能要求分析不够，形式上模仿、抄袭、拼凑，缺乏整体考虑，以致杂乱堆砌的多，有创意的、风格独特的少。

（2）识别性

由于高速公路穿越不同市、县、镇、村，除了对建筑功能要求、设施内容作出任务性规定外，还应对各

---

① 河南省有关高速公路服务区工程可行性研究报告，河南省交通规划勘察设计院，2005.8。

路段形式、风格、特色给出指导性的意见,以显示各路段的差异性。

从建筑类型上看,高速公路服务性建筑应属于商业服务性建筑,这一建筑类型在造型、标识、色彩方面有其自身的特征,是加强它识别记忆的重要方面,除了建筑本身的功能、质量、细部外,还应通过标识、绿化、小品、铺装,表现出该地段服务区的个性与特色。

(3)时代性

从一定意义上说,高速公路的建设标志着现代科技与经济的发展,高速公路服务性建筑的设计与管理不仅体现在功能的要求、先进的设施与优质的服务等方面,而且反映了以人为本、生态环保、可持续发展等一系列深层次问题。只有这样,作为房建项目外在表现的建筑造型与风格才有了宽厚的基础。

此外,在显示各线路的地段环境、文化内涵、新技术和新材料的运用等方面更好地突出时代性。

三、服务区的建筑设计

从高速公路旅行人群的行为活动、生活需求分析,大体上是如厕、饮食、购物、住宿,对车辆的需求是加油、维修,因此,服务区建筑的主要空间是公共厕所、小型超市、餐厅(包括厨房)、客房等几个部分。

服务性建筑按基地总体布置特点,采用"一"字形线形展开排列,成为建筑的基本排布方式,同时层数较少、高度较低,对体型轮廓面的展示较多,因此加强空间层次感、天际轮廓的起伏是建筑方案应突破的难点之一(见图2.5、图2.6)。

图 2.5　光山服务区

在多条线路的方案设计中从整体风格出发,在不同线路上采用不同的方案处理,在造型上除了按一般的构图要求对比例、尺度给予注意外,还运用现代构成手法对体型、轮廓、动感等多方面加以关注,以求视觉上有所突破,形象上有所创意。

群众对审美情趣,管理部门对各线路服务性建筑造型、风格的关注与要求,应根据创作上的制约与条件一分为二地对待。例如,在设计任务上各线同一区位要求作出两个不同风格的方案,无疑给创作人员增加了压力,但同时也给予了更大的创作自由。

这两年多来,我们先后设计了近百个不同方案,有的已建成,有的正在施工,介绍出来,不吝赐教。

图 2.6　高速路服务性建筑

　　以上参与设计的项目得到了省交通厅、省交通设计院、各高速公司等有关部门的支持与帮助，谨致以深切谢意！

合作者：高翟香　曹予涛

（原载于 2012 年第 2 期《建筑与环境》）

13

上篇　学术论文

3. 构成·建筑·文化

　　始于 20 世纪的现代设计与艺术教育,以最简明的视觉语言元素,如点、线、面、单纯几何形体和三原色去表达存在于复杂事物中隐含的那种不变的真实性,一种结构清晰、秩序井然的世界。同时,几乎与包豪斯同时出现的诸多现代绘画流派,如蒙德里安的抽象画,未来主义、立体主义以及现代主义的流派之一——解构主义,等等,把可视的形象概括为垂直线与水平线、圆、球形、矩形、锥体等单一形体,提炼了既含蓄又富有特征的点、线、面等抽象形态,拓展了艺术教育领域。

　　此外,构成理论的产生与发展,其自身的规律和深层内涵来自于对人类自身的生理构造和现代视知觉与心理学的研究,它从三个方面揭示了人类认知与美感产生的心理原因,如人能看到什么,是视觉生理问题;人怎么看,是视觉问题;而人观看的感受如何,则是形式美学的问题。因此,构成与视知觉涉及的三个方面,一是视觉生理学的知识,二是视觉心理学的知识,三是关于形式审美的知识。点、线、面构成元素和它们之间的关系,人们对于形的理性认识、深化与积极思考及活动,视觉感知过程,物理-生理-心理的研究,以及人脑对客观现实所体现的能动性,它们直接支撑着现代艺术与设计在心理、审美方面的发展。

　　理性与抽象的构成符号和具体的感性有机结合在一起,表现了独特的艺术表现对象与内涵。创作者通过它将所要传递的信息编码、转化手段、用语方法变成便于识别的一种符号形式,创作出在特定文化背景下的艺术审美对象,也可以说是一种美的、和谐的结构关系的视觉组成方式。

　　形式符号的约定关系是认识、理解、运用符号的基础,但尊重约定与突破约定是一个事物的两个方面。形式符号作为人们感受到的外在形式,既承载与传递着信息,表达着符号的内容,又同样可以反映文化传统、价值观念与审美情趣。这种符号的构成基础,不再局限于几何元素之间平面与立体空间的关系、各元素之间的概念性逻辑,而是通过艺术家、设计者,将这些符号传递与承载于一种融合了情感与文化的艺术形式,它虽然诉诸知觉,尤其是视知觉,但正如一位美学家曾说过的那样:"观众在看一件艺术作品时,并不只是用眼睛,除了眼睛外,还用他的心灵,他的记忆,他的感情,他的语言上与视觉上的习惯,他的文化模式,他的价值系统,他的期望。"构成符号在艺术、设计领域运用、发展与创造,经过一个多世纪的历程,其价值远远超越了个人层面,达到了更深且更广泛的审美层面。

　　在我国,从 20 世纪 70 年代开始,"构成"原理就被引入设计基础教学中,但如何在逐年的设计课题中结合"构成"手法,培养建筑形态的创新意识,深化对"构成"点、线、面的认识,有的仍停留在最初的阶段。为此,我们在编写《建筑形态构成》与《现代景观设计学》两本教材时,力图把具有共性的点、线、面构成手法与建筑、景观两者的形态构思联系起来,分别进行探讨,并希望在专业教学过程中贯穿始终,加速提高与培养学生这方面的技能。

　　在今天,艺术及设计创作领域,构成已成为现代视觉传达艺术的重要理论基础与创作手段,尤其是对现代设计领域中的各个设计门类,如工业设计、建筑设计、环艺设计、服装设计……构成已成为一门重要的必修课，探讨构成的"点、线、面"基本元素与文化符号的关系，深化这方面的认识就越发变得重要。

虽然人们的视觉体验来自方方面面，由于人们接受的教育、所处的环境不同，视觉体验必然会千差万别，但当进行艺术教育，培养大批有创造力的艺术设计人才时，形的生成当是一种创造行为，一次理念的体验，一个梦想的实现，一种交流方式，也是社会和文化价值的物化以及对未知领域的探索。应该鼓励受教育者在任何地方寻找任何美的东西，将其发展成为艺术形式。

构成理论与方法的导入，为我们重新审视传统文化观念融入了更多的思考维度，当我们把掌握的构成要素——点、线、面……这些符号通过新的方式来展现，如变形、分裂、异化、重组，引发与以往视觉心理体验的矛盾和冲突，或一种新的视觉冲击，从而不仅为现代艺术设计带来了巨大的发展，而且带来了新的契机。

点在面上、在空间中、在宇宙中，大大小小的点群聚与消散，扩散与展拓了美，也正应了"大珠小珠落玉盘"、满天星斗、寰宇飞花的美，它装点着自然，也美化了建筑与环境。

线在面上、在空间中，疏密交错、排列组合、竖斜切割，挥舞线条、驰骋纵横以弄潮，丰富了视觉的层次和空间的虚实变化。

体块的叠加、减缺，通过穿插、错位、旋转、扭曲，不仅把内外空间推向新的意境，而且现代科技与创作冲动、激情的结合把创作发挥到了淋漓尽致以至随心所欲的地步。

无论是平面设计、绘画雕塑艺术，还是建筑设计、景观设计，都在各自领域中对该理论进行诠释与发挥，出现了不少优秀的作品，各有特质、各有所长，并通过对构成的运用达到了新的高度，成为一种美的凝练，一种艺术的升华。

点、线、面的构成符号这种外来的艺术设计思潮与理论，从浅层次的"拿来"与"运用"，向深层次的精神领域去寻找，兼收并蓄，成为一种新的民族形式的创造，在各个现代设计与艺术领域中发挥了很好的作用。

既要理解与认识传统美学的物化表象，同时也要摆脱"传统"在思想上的羁绊，更不能对外来理论、思潮有所排斥与误读，要积极地探索和寻找传统与现代的契合点，才能打造出符合"新而中"的民族样式，并能同时在国际社会所认同的现代艺术与设计上走出自己的新路。

有的用传统的笔、墨、纸及表现技法在画面上加以延伸发展，吴冠中先生的绘画创作正是绘画艺术领域中的范例之一；有的以新结构、新材料构筑着崭新的城市空间，如2010年上海世博会中，花团锦簇的众多展馆无一不是在点、线、面的基础上与时代理念的融合，相互"对话"与"理解"；有的以现代声、光、电科技展现了变幻莫测、神奇而动态的视觉盛宴，"作者"与"读者"的双向交流从未像现代那样侃侃而谈。

在新的构成意识观念下，不断地更新拓展，现代点、线、面符号，既没有超越时尚的极限，又表达了外在形式下的深层含义。这些为受众所理解和熟悉的符号，使作品更易于为受众接受和喜爱，把构成符号推向了新的极致，在继承与创新问题上达到一种新的融合，巧妙地平衡了传统与时尚，不同的文化在这里由分野走向融合，达到了天衣无缝、至善至美的境界。

（原载于 2011 年第 5 期《建筑与环境》）

4. 20 世纪的中原建筑

　　随着 19 世纪后期欧洲工业革命的发展，以工业化思想为基础的"新建筑运动"中产生的现代建筑，自传入并出现在中国大地之日起，中国几千年的建筑传统就中断了。"这个中断标志着中国近代建筑的开始，中国建筑新生命的开始。"①

　　20 世纪初期至中叶，由于传统建筑在功能、结构、材料、施工技术、造型特征诸方面的局限性，已不能适应时代发展的需要，近代建筑的萌芽、吸纳、发展在沿海地区已先行起步了。但当时的中国正处于内忧外患、风剑霜刀、经济衰败、民生凋敝之时，加之中原地区相对的封闭性与落后性，使建筑发展的大环境雪上加霜，缓慢而滞后。

　　这一时期的建筑营造方面大致有以下几种情况（见图 4.1 至图 4.6）。

图 4.1　鸡公山颐庐（1912 年）

图 4.2　滑县天主教堂（1912 年）

---

　　①　陈志华.中国大陆当代建筑史论纲（上）［J］.城市与建筑，1989（2）：76.

图 4.3　开封兴隆庄火车站(1913 年)

图 4.4　鸡公山南德国楼(1920 年)

图 4.5　鸡公山瑞典式大楼(1930 年)

图 4.6　河南大学礼堂(1936 年)

①一些中小城镇还保持着地方传统的营造方式,沿袭了乡土特征与风格。

②为适应一些新的功能要求,产生了新的建筑类型,把外来的技术与手法结合西方古典与现代或中国传统的符号形成拼接组合的造型。

③受沿海地区的影响,一些掌握现代科技的建筑工程人才零星设计建造了一些西方古典与摩登式样的作品。

几千年来,中原地区在历史与文化方面有过辉煌的成就。故都、名城、人文、艺术荟萃于此,但以砖木结构为主的传统古典建筑历经沧桑,因朝代更迭、战乱蔓延、年久失修,多数倾圮倒塌,而保存下来的建筑就显得弥足宝贵。

1949 年新中国成立,百废俱兴,三年国民经济恢复时期医治了战争创伤,继而开始了第一个五年计划,进行大规模的工业化建设和国家行政区的调整。河南省省会由开封迁至郑州,郑州、洛阳成为新兴的工业基地。一方面从沿海城市引进工程技术人才,一方面在苏联专家指导下进行城市总体规划与重点工业项目的建设,开创了现代意义上的城市建设与建筑工程设计。如郑州西郊的纺织和印染工业区、发电厂、电缆厂、砂轮厂,洛阳西郊的涧西工业区,等等。从郑州市历届城市总体规划的编制与修订上我们可以看出(见表 4.1),规划师为省会的经济、文化与社会的发展描绘了一幅宏伟的蓝图,为城市的有序发展奠定了坚实的基础。此外,随着油田的开发、大型水利枢纽的建设,出现了一批新兴的工业城市,如三门峡市、濮阳市等。

表 4.1 郑州市城市总体规划情况表

年代	编制总体规划名称	市镇建设用地规划面积	人口	国家批准年代
1927 年	郑埠设计图	10.5 km²		
1928—1929 年	郑州新市区建设计划草案	35 km²①	28 万	
1954—1972 年	郑州市总体规划	63.6 km²	58 万	1956 年 2 月
1981—2000 年	郑州市总体规划	104.8 km²	100 万	1984 年 1 月
1995—2010 年	郑州市总体规划	189 km²	230 万	1998 年 12 月
2006—2020 年	2007 年建成区 282 km² 建成区人口 436.3 万人②	836 km²,其中中心城区 450 km²,城市化水平 80%	总计 1100 万,城镇人口 880 万(其中中心区 500 万)	2008 年由原建设部审查通过

注:①1949 年新中国成立时郑州城区面积约 5 km²;

②郑州市域行政辖区共 6 区 5 市 1 县,规划总面积为 7446.2 km²。

在经济恢复时期,为保证工业建设资金,在民用建筑设计方面,遵循"适用、经济、在可能条件下注意美观"的方针。因此,功能合理、结构经济、造型朴实无华、造价严格控制成为这一时期总的设计趋向。在创作理论的指向、创作手法、风格上,围绕着对"社会主义内容,民族的形式以及传统与现代、继承与创新"的粗浅理解,也进行过一些关注与探索(见图 4.7 至图 4.11)。

图 4.7　河南宾馆(1954 年)

图 4.8　中国银行郑州分行旧楼(1954 年)

20 世纪下半叶,世界现代建筑正处于流派众多、主义林立、风格多元的时代,改革开放不可避免地带来中西建筑文化思潮的碰撞、交流,影响着中国的建筑创作理念、思想与手法。当理论上来不及梳理,文化差异上的认识来不及消化、吸收与融合,创作手法来不及取舍的时候,建设的浪潮已向设计领域涌来。经济腾飞、民生改善和城市扩展,为建筑创作提供了广阔的舞台与大量的机遇,建筑类型之多、建设速度之快、建筑规模之大、项目之丰是之前任何历史时期所无法比拟的。

中原地区与其他地区一样出现了一大批优秀的民用建筑、工业建筑,建筑创作呈现了多彩、繁荣、百花齐放的局面。在建筑教育领域,1959 年郑州大学设置工科四系之一,是省内首家开办建筑学专业的高校(1963 年成立郑州工学院,后发展为郑州工业大学)至郑州大学建立为止,全省已有十余所高校设置了建筑学院,除建筑学外,还包括了相关专业,如城市规划、室内设计、环境艺术等,培育了大批专业人才。

图 4.9　郑州铁路旅客站（1955 年）

图 4.10　河南省人民医院病房楼（1955 年）

图 4.11　郑州国营第三棉纺厂办公楼（1955 年）

20 世纪 80 年代河南省建筑学会创办了期刊《中州建筑》，使广大设计人员有了交流理念、发表设计及研究成果、开展评论的园地。此外，在原河南省建设厅的主持下，编辑出版了《河南建筑选》，它既为我们展示了中华人民共和国成立以来至 20 世纪 70 年代末全省优秀的建筑作品，又为这次《中原建筑大典》提供了翔实的珍贵史料。

20 世纪 50 年代起，公共建筑的建造在类型、规模、标准、高度等方面产生了多个第一，就河南省来说，这些中华人民共和国成立后首批受过专业训练的建筑师的早期作品有星级宾馆——中州宾馆（1960 年），体育建筑——河南省体育馆（1965 年，5000 座），高层建筑——中原大厦（1977 年），文化建筑——河南省人民大会堂（1979 年，3000 座），省会第一座大型博物馆——河南博物院（1998 年）。20 世纪 50 年代郑州的行列式平房布局的简陋的碧沙岗市场、花园路市场，都被现代化的商场、超市所替代（见图 4.12 至图 4.43）。

闻名遐迩的郑州百年老街德化街以及二七广场的商业群，开封的书店街，20 世纪 50 年代时德化街街长不足 500 m，20 世纪 80 年代二七广场周边兴建了首家大型商场——亚细亚商场，陆续建设的有商业大厦、天然商厦、华联商厦，并与德化街全面扩建的地下商业街一起形成商场群，广场架空连廊，人车分流，共同构成了中原地区现代化的商业街区，德化街昔日商铺的旧貌几乎荡然无存了，仅可从开封的书店街

图 4.12　中州宾馆(1960 年)

图 4.13　河南省体育馆(1965 年)

图 4.14　洛阳第一拖拉机厂大门(1969 年)

图 4.15　郑州市二七纪念塔(1971 年)

图 4.16　郑州大塘水上餐厅(1971 年)

图 4.17　洛阳博物馆(1974 年)

图 4.18　中原大厦(1977 年)

图 4.19　安阳市太行宾馆(1978 年)

图 4.20　河南省人民大会堂(1979 年)

图 4.21　郑州国际饭店(1981 年)

图 4.22　河南省电业局微波调度楼(1982 年)

图 4.23　郑州市群众艺术宫(1984 年)

图 4.24　郑州体育馆(1985 年)

图 4.25　开封东京大饭店(1986 年)

图 4.26　郑州格陵兰大酒店(1987 年)

图 4.27　登封少林武术馆(1987 年)

图 4.28　中国人民解放军测绘学院(1987 年)

图 4.29　开封宋都御街(1989 年)

图 4.30　中国人民银行郑州分行(1989 年)

图 4.31　郑州市百货大楼(1989 年)

图 4.32　洛阳铁路旅客站(1992 年)

图 4.33　交通银行郑州分行(1992 年)

上篇　学术论文

图 4.34　郑州紫荆山百货大楼(1993 年)

图 4.35　郑州金博大城(1994 年)

图 4.36　灵宝市四大机关综合办公楼(1995 年)

图 4.37　郑州升达艺术馆(1997 年)

图 4.38　紫金宫国际大酒店(1997 年)

图 4.39　河南博物院(1998 年)

图 4.40　郑州铁路旅客站新站(1999 年)

图 4.41　索菲特国际饭店(1999 年)

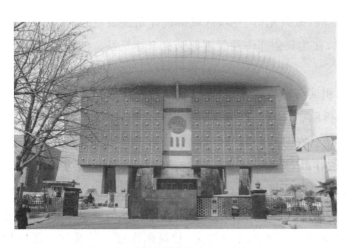

图 4.42　郑州博物馆(1999 年)

图 4.43　郑州裕达国贸(1999 年)

找到有点相仿的印迹。不少人在感叹今日繁华与熙攘的同时,对二七广场纪念性、交通性、商业性的定位却莫衷一是。郑州铁路旅客站及广场多次扩建,成为中原地区的门户。郑州是京广铁路与陇海铁路的交通枢纽,从当年的历史照片中我们可以看到广场建筑群的发展。

　　纵览这一时期的建筑创作成果,不少作品不仅沿袭了新中国成立以来现实主义的创作方向,并且在设计理念切入点的多元化、创作手法的多样化、作品的个性化等方面均有建树,概括地说,有下列几方面的表现。

①树立城市的观念，从总体环境出发，把握整体布局，立足于此时此地，照顾左邻右舍，整合群体面貌。

②从类型、规模、建设标准等方面，区别对待，从实际出发完善功能，精心推敲。

③运用先进科学技术，发挥材料的特性，增加科技含量，关注可持续发展。

④在空间形象上、选型上，无论是文脉的传承、符号的采撷，还是融合东西方手法等，都体现了内部、外部空间在视觉上的创新。

在急速的城市建设进程上，不断地提升设计水平，克服负面影响，总结经验教训，回顾存在的一些问题，势将有利于在21世纪阔步前进。

①城市改造扩展的进程中，加强控规与城市设计，避免大拆大建，切莫做出"建设性破坏"的蠢事，对待历史性优秀建筑加强评估立法、制定管理细则，做到旧的要保住，旧则自旧，使其"延年益寿"，切莫"返老还童"。这样可使一些代表性建筑和历史街区作为点点滴滴的城市历史记忆不断得到延续与传承，彰显城市的个性与特色。

②社会主义市场经济的发展，房地产业的准入，国家注册建筑师制度的设立，建筑设计项目的竞标，专家评审制与措施对设计水平的提高起到了保证与促进作用，在完善过程中克服那些设计市场紊乱、低价竞争、不顾设计周期、粗制滥造，以及强加的业主意志、长官钦点的弊端，才能调动建筑师的创作才能，把创作水平提高到一个新的高度。

③深入开展理论研究，加强建筑评论，发挥主创人员与团队的作用，才能在"欧陆风""假古董风""玻璃幕墙风""铺张奢华浪费风"等袭来的时候，保持清醒的认识，进行多方的沟通宣传，刨根问底，提高设计人员对建筑文化认识的自觉与自信。

④三分规划，七分管理，城市规划管理应起点高，做到先行一步，从城市设计角度引领方向，防止出现"专家错位，职业串行"这种招标流于形式的现象，在建筑创作中使管理起到提升建筑品位的作用，坚决杜绝利用规划审批手段进行不正当交易的行为。

本辑大典的编辑立足于经历了时空的筛选、积淀与考验的作品，即"精"（精品、佳作）与"典"（典范、经典），有的作品虽然已重新整合、改建、包装，甚至拆除、重建，但作为当时的优秀之作，这次也列入大典，以期有一个历史的交代，更全面地展现城市发展轨迹。在对待建筑的评价时，虽然是"仁者见仁、智者见智、不求一致"，但如能提供各历史阶段具有代表性的作品，为今后了解与研究当代建筑创作、历史背景风格整理一份可供参考的实例与评述，对后人的研究也会有所裨益。

由20世纪80年代步入世纪交替之际到进入21世纪，面对持续的经济高涨，加速的城市化进程，通过《中原建筑大典·20世纪建筑》的编撰，初步梳理了这一时期的建筑理论、建筑创作理念以及创作环境与成果，从实践到理论，把视野从对历史、文化的研究继而拓展到关注现实，更着眼于面向未来；在学习、吸取世界先进的科学技术与文化的同时，摆脱了就史论史、盲目追随崇拜、模式因袭、一味地留恋过去、惰性设计思维的影响，既有对本土文化的自尊与自觉，更有对未来创作的自强意识。中原建筑文化必将随着现代化、科学化、地域化的步伐在传承-探索-拓展-创新的道路上越走越远。

（原载于2013年第3期《建筑与环境》）

5.《中原建筑大典·21世纪公共建筑》序言

中国走过了改革开放的30年,社会经济飞速发展,举世瞩目,令人称羡。地处中原的河南省在国家区域社会经济战略中的地位不断提高,并向着周边省份辐射,合作力量加强,为中原地区注入了新的活力与动力,焕发出勃勃生机和魅力。

在城镇化的进程中,河南省多数城市的总体规划进行了修订,拓展了城市范围,调整了城市空间结构,完善了功能布局,注重了城市文化设施与民生改善,加强了城市景观、环境的融合,城市面貌焕然一新。

在21世纪头十年中,河南省各级城市在城市建设中,增添了一大批新的公共建筑,且在类型上、规模上、数量上都进入了一个新的发展时期,而且在功能布局,环境构成,新技术、新材料运用方面达到了一个新的水平,尤其是各级城市中建成的一批文化博览、教育建筑,反映了我省迈步进入了文化大省的行列。

在18个城市公共建筑的选例中,逐步进行了分类与排序,分别为文化博览、教育科技、行政办公、医疗卫生、商业综合、体育竞技、交通通信、旅游景观、纪念宗教等。这些选例有的是城市标志性建筑,有的是国内外著名建筑师的作品,有的曾获得国家和省、部级建筑设计奖,也有独具行业特色的代表性建筑,等等。

从某种意义上说,公共建筑是一个时代物质发展与精神文明的象征,且反映某一城镇物质、文化生活的要求与水平。

公共建筑在类型上的多样性、在城市中分布的广泛性以及设计的复杂性,使其成为凸显城市公共空间特色、提升城市品位的主要因素,表达了城镇在不同时代的特征。同时,综合体现了一个时代的物质技术、经济水平、美学思想,以及地理的自然条件等方面。

为了展示这一历史发展阶段的设计成果,总结交流创作经验,梳理建筑创作风格形成的脉络,记录了这辑21世纪头十年的公共建筑。以期得到有关部门及读者的关注、评价与指正。

纵览我省21世纪的公共建筑,大致可归纳出以下几个特征。

①在广泛吸收中外传统与现代建筑精华的基础上,结合省、市、地区的情况进行的创新之作。

②在实现建筑与环境、建筑与文化、建筑与地域特色的融合上有所突破,并对新风格进行了不同程度的探索。

③公共建筑的规模、投资、环境等各有不同,处理好一般性与特殊性、大量性与标志性的关键是把握好创作的基础,不少优秀之作立足于城镇的此时此地,照顾到左邻右舍,在"精心"上下功夫,做到精雕细刻。

人们把文化博览建筑看作是艺术与文化的圣地、文物的宝库,是国家昌盛、时代进步的标志,更是中华民族文化振兴的重要组成部分。博览建筑见证了历史的发展,也成了经济助推剂。20世纪90年代建成,曾获国际建筑大奖的河南省博物院,以其深厚的文化底蕴与独特的造型成为我省文化博览建筑的先例。省内各城市相继落成的文化博览建筑在中原大地上绽放了一朵朵奇葩,无一不展现了上述根本特点。

博览建筑的创作,不仅为建筑师充分展示其创作理念和哲学思想,提供了一个广阔的平台,同时,在中原深厚的传统文化土壤中发掘创作灵感,并以地域的独特语言与建筑词汇,构成了一座座城市的标志。

现代观演建筑中完美的声学要求是富于挑战性的设计课题,良好的视听效果,高科技的舞台装置、灯光配备,使建筑声学与室内审美达到高度的融合,几乎达到了苛求的地步,按戏剧、舞蹈、交响乐等的不同要求进行分设,并组合一个大的文化中心,成为观演建筑的一个发展趋向。

教育是立国之本、民族振兴之基础,21世纪教育的发展,从高等教育、职业教育、中等教育,到学龄前教育……学生数量增加之快、学校规模之大、教育队伍之广、设施之先进,可以说超越了任何一个历史时期,一批经统一规划建设的大学校区(郑州大学新校区、河南大学新校区(开封)、河南理工大学(焦作)等),因地制宜,分区明确,空间环境优美,在21世纪第一个十年中相继建成。虽然在校区布局中,一些大学校区中心地段不同程度地沿袭了传统中轴主楼、左右对称配楼的布局,但多数新建校区以功能、学科、教学、科研、师生生活为基础的分区,适应环境、空间结构进行群体安排,在建筑风格上形成各自的特色。

基础教育的中小学、幼儿园建筑普遍地得到了重视,建筑的功能、布局、造型,从青少年、儿童的心理行为教育特点出发,更富于灵活性、多样性。

图书馆是文化建筑的重要类型之一,无论是大型的省、市图书馆,大专院校图书馆,还是一般的中小图书馆,都以服务读者为宗旨,以贴近读者、方便读者为根本,但由于图书馆的规模、技术手段、管理等方面的不同,在设计上有较大的差别。吸取国内外现代图书馆设计经验,大、中型图书馆打破传统的借、藏、阅,动、静分区的模式,改用三统一的格局,即统一柱网、统一荷载、统一层高,采用绝大部分开架、开放的管理模式,并通过数字化、信息化、现代化管理,提高了使用的灵活性和方便性,创造了宜人、多样的阅览方式与内部空间,取得了新的进展。

行政办公建筑在城市总体布局中大都结合中心广场建设,占有重要的位置,无论采用何种建筑元素、符号以及风格,它的总体布局根植于传统的"中轴""对称"广场的意识之中,并以最古典的公共性元素,如宽阔的台阶、高大的柱廊、超大的尺度,展示其威严、庄重的气势,这似乎也成为一种"包袱"而难以突破。

从商品交换、商品流通发展到现代商业模式,从满足日常生活的基本需求,到适应人们的活动、行为方式,商业空间(露天市场-店铺-步行街-专业商店-百货公司-超市-大型综合商业中心)改变了城市社会的结构,摆脱了传统的设计布局。商业建筑成为不可或缺的公共活动场所。把购、逛、娱、餐饮融为一体的全天候的活动场所,琳琅满目的商品,布置专业化的购物环境,适应了时代对功能的需求,充分显示了当今社会商品经济与市场的繁荣。郑州二七广场以原德化商业街发展而来的周边大型商业中心、步行商业街、下沉式商业广场等,构筑了现代城市商业圈,它不仅延续了城市的文脉、城市的记忆,而且为改造旧城、拓展商业模式提供了新的思路。

综合性的大型商业-住宅、商业-办公、商业-旅游等组合式的高层建筑,以高度集中化的模式,充分利用城市用地,向城市上空、向地下要面积,提高容积率。而且在中外传统思维中,对建筑高度的追求,已不再是宗教意义上的象征,而是实力、科技、财富的彰显,这似乎已成为城市发展不可逆转的潮流,多方面的因素也促成了这一建筑类型的发展。郑州市东区中央商务区的高层楼群布局,为今后新区建设提供了新的经验,有待总结。

从罗马圆形竞技场到现代化的体育场馆,从观众、运动员、管理人员的分流进入,到场馆的集中散场,并将流线、疏散、安全放在重要的位置。由于大跨度的功能需要,形式的多样化,采用大尺度的顶棚覆盖,以结构为主要元素,展现体育与交通建筑的美学特色,无疑是当代大跨度建筑的重要表现,并在动感、轻盈的外观与庞大的体量造型这两方面的对立因素中得到完美的体现。由于具有面向城市公共空间的开放性、群众的参与性,体育建筑成为城市的一个重要亮点。

被誉为城市报春花的旅游建筑,在满足了全面而舒适的服务功能与设施要求的同时,还为设施高效运转提供了优质的基础条件。旅客的期待,宾至如归的第一印象,是旅馆设计成功的第一要素。约翰·波特曼(美国建筑师)所倡导的建筑内部空间的"观光电梯、共享大厅、旋转餐厅"三大元素已在一些城市各类旅游及公共建筑设计中得到广泛的运用。多样化的旅馆类型,如城市快捷式、连锁式、旅游度假式、会议式,以及不同的客舍,更是五彩缤纷,装点着城市。

各类建筑在构筑内部空间的同时,共生了外部空间,并注重营造城市的外部空间或公共空间,依托于自然环境与人工环境、历史与人文的完美结合,从城市到村镇,对纪念性与宗教性的人文景观,以及自然景观进行开发与规划,运用景观的要素,如广场、街道、节点、绿地、庭院的景观等,创造各具特色的城市与景区的景观,推动了我省景观设计水平的提高与发展。

当我们编辑成稿时,掩卷而思,不仅因看到了我省建筑创作的巨大成果而无比欣喜,而且和全国一样,中国现代建筑创作在经历了百年积淀之后,展现出了空前繁荣的多元化风格,真可谓是妙思佳构、花团锦簇、层出不穷。

本书汇集了近200个各类型公共建筑实例,由于调查研究不够,精品之作难免遗漏,作品的推荐、入选、选例应做得更完善与细致些,主创建筑师及团队成员没有一一列入,在此深表歉意。本书的出版对推动我省的创作水平和加强设计人员的精品意识有积极的作用。

6.《中原建筑大典·21世纪居住建筑》前言

衣、食、住、行是人们生活的四大要素,也是衡量社会经济、群众生活发展水平的主要标尺。30年的改革开放,城镇中亿万平方米的住宅建设,无论是平均每户建筑面积、住宅类型、户型设计、内部设施,还是居住区的规划布局、规模、公建配套、环境质量都已达到前所未有的高质量、高品位。

"安得广厦千万间,大庇天下寒士俱欢颜"的先人理想,在我们这个时代的实现已经不远了。

1949年以来,住宅建设标准、分配制度等方面经历了不断变革的过程,由各个部门、国营企事业单位的传统福利分房制度逐步实现了住宅商品化的改革。从20世纪80年代改革初期开始进行出售公房、民建公租房以及提租补贴等一系列的试点工作,进入90年代以后,社会主义市场经济体制的确立大大加速了住房改革的进程,在公房出售、建立住房公积金制度方面有了重大突破,住房商品化,充分发挥市场机制在住房资源配置中的基础性作用,同时也不断增加以中低收入家庭为对象的保障性住房的供应数量。

为贯彻实施2006年颁布的"国六条",河南省有关部门多方联合,举行90 m² 中小套型的住宅设计竞赛,为提高中小户型住宅设计水平作出了贡献。

当大量的资金涌入房地产市场,土地价格不断提高,同时房地产行业的发展与地方各部门的利益攸关,这些均导致了房价的飞速上涨,从而使安居工程的实施面临停滞和倒退。为使房地产市场平稳健康地发展,政府采取了大力度的调控政策,以全面推进廉租房、经济适用房、公共租赁住房和动迁安置房"四位一体"的住房保障体系建设。这将使"居者有其屋",遏制城市房价上涨过速,构建和谐社会得到有力的保障。

纵观30年来河南省住房建设的成就,从规划、建筑设计方面可概括出以下几个特点。

一、人均居住面积提高

这是衡量居住水平的一个重要指标,从中华人民共和国成立初期的每人平均4 m² 居住面积,到今天经济适用房、廉租房将每户家庭每人低于15 m² 作为申请入住标准(目前各地标准虽有所差别,但可看出居住水平的大幅提升)。居住条件从20世纪50—60年代的"合理设计、不合理使用",即多户合用厨卫,发展到"独门独户",不同建筑面积的多种户型,设计水平、建筑质量均有了极大的提高。

二、整体开发,统筹规划

经济的发展为住宅由分散、零星的建设逐步做到成片成区的建设打下了坚实的基础,虽然在总体规划上一般还沿袭了"居住区-居住小区-住宅组团"或"居住区街坊"的模式,但在规模、手法和布局上有了不少新的创造。住宅建设的规划、设计、建设、营销、管理等各个环节相互衔接,使居住区建设在社会效益、经济效益与环境效益方面达到了有效的统一。规划设计理论与实践经验大致有以下几点。

①路网结构是构成居住区的骨架,应做到合理布局与人车适当分流,主干道通而不畅,次干道清晰、便捷,空间节点有序。当汽车进入多数家庭后,居住区车辆进入地下车库及车主入户的便利性就成为大型居住区要解决的首要问题。

②公建配置除幼儿园、小学、商业网点外,还有社区活动中心、公厕和商业步行街等,因此应注意规划发展的多样化和空间序列的层次与变化,使生活更舒适、安全与方便。如有的居住区设置商业步行街,既可适应居民的群体聚会活动,发挥商业的集聚效应,又能体现不同居住区的空间场所特征。

③重视环境建设。在合理规划布局的同时,注意公共空间、环境、绿化小品等的设计与建设,使居住条件的改善与环境优化得到同步发展。部分较高收入阶层在挑选户型的同时,居住环境也成为购房的主要考虑因素之一。

三、户型设计更趋合理,配套齐全、设施完善

户型设计是改善居住条件的基础,通常 $50\sim90$ m^2 的中小户型以至 $120\sim160$ m^2 的大户型为城市住宅的主要户型面积。户型的设计无论是小康型、舒适型还是豪华型,都注重了起居区与餐饮空间的分离、梳洗区与浴厕的分离、就寝区与学习区的分离及大小居室的合理搭配等。户型由厅、卧、厨、卫、阳台和储藏等基本空间组成,并在设计上给予了更多的全面关注与细节安排,以体现"以人为本"的理念。

四、住宅类型多样化

住宅从早期以多层单元组合为主,发展到小高层、高层的居住小区,以及少量标准较高的低层联排、独立别墅,几乎囊括了所有的城市住宅类型。除了一般的功能划分、空间组合的优化及合理舒适外,有的还引入了空中花园、复式、错层等作为营销的亮点。在户型内部空间组合上,很多户型方案的平面和空间更趋合理、成熟,为消费者提供了更多的选择。

随着高层住宅的遍地开花,天际轮廓线在空间上、层次上的重要性日益凸显。高层住宅在形态构成上不断创新,摆脱虚假的大片顶部飘架,阳台、窗户、线脚的设计和体块、色彩的划分或细腻平和、或对比强烈、或精致高贵、或朴实淡雅,使城市住宅区的多元化风格有了新的发展。

五、风格多元,环境优越

建筑风格体现在空间组织、建筑形态、尺度、色彩,以及细节环境品质等诸多方面,无论是采用中西方传统符号与细部,还是简约、现代风格,当前建筑设计均把适应市场需求、提高居住品位放在了重要位置。

以窗为例,有挑出飘窗、低窗台、落地窗、弧形窗、转角窗、天窗等,不仅为住户提供开阔的视线、充足的阳光,而且保证住户可充分接触户外自然环境,这也为住宅造型与外观的多样化创造了条件。再如厨卫设备,天然气、电器进户,特别是电器的普及与多样,在厨房、卫生洁具的成套配置与细节设计上提出了更高的要求。在住宅风格上,人们往往仿照传统住宅形式,如"里弄式""四合院""江南民居""皖南民居",以及西方古典风格的符号和细部形成多种城市节点,但在结合城市建筑历史特征、注重地域文化、重视历史文脉与风格创新、形成时代特色等方面还有待于不断探索。另外,加强可持续性研究,使住宅智能化技术、节能技术等得到广泛应用,以及生活给水净化、中水利用、垃圾处理现代化的推广,都将进一步提高居住区各项设计的高新技术含量。

在居住区的规划统筹中,结合地形、地貌把绿化景观整合在居住区空间中,构筑以点、线、面绿化及小品配置串联而成的景观带或绿色生态网络。无论是传统园林中亭、台、廊、榭的曲径通幽,还是西方园林的雕塑、花架、台阶、栏杆的有机组合,或开放或含蓄,或张扬或内敛,均显示着独具特色的环境艺术魅力,为居民提供了各种户外公共休闲活动场所,满足了住户对可达性、均好性、参与性的要求。

大型住宅建设有利于整合城市土地,使城市环境与住宅环境共生;规模开发完善了住宅区的功能,美化了居住环境,提升了城市品位,优化了民生。

规划设计的"精品意识"与建设单位的"名牌效应"相结合,逐步成为城市住宅区建设的共识。宏观调控、统筹规划与市场机制的结合一定会使我国城市住宅区的质量与水平再上一个新的台阶。

7. 居住小区步行商业街设计

我国从 20 世纪 80 年代以后，经济的发展速度、居住建筑建设量、居住小区规模及配套设施都达到了前所未有的新水平。在居住小区的创作上，诸如道路骨架、组团划分、住宅单元造型、公建配置、景观绿化、物业管理等大都朝着"以人为本""注重生态环境"的方向不断发展，住宅建设取得了举世瞩目的成就。通过几年来的调研、考察与实践，笔者发现仍有不少课题有待于深入研究，如居住小区在区位、定位确定以后，如何选择商业服务建筑的规划布局方式以及协调小区与城市的关系，等等。在小区内设置商业步行街也是近年来常用的方法之一，现对有关问题予以分析和探讨，以供交流。

一、缘起

众所周知，城市商业系统的规划依据早期的"分级、对口、配套"原则，通常采用"服务半径"画圈圈的方法，这对于方便生活、形成各类商业服务网点起到了一定的作用。以往，住宅建设难以形成规模，商业网点见缝插针，随意性较强，市场化的发展又一度导致了街市充斥，街道面貌被分隔得支离破碎，难以整合。城市化进程的加速，私家车的拥有量与街道机动车交通的饱和度出乎了人们的预料，传统小区商业网点的布局显然无法适应高度发展的生活水平要求。商业服务作为城市生活质量"窗口"的重要组成部分，在居住小区的规划布局中，地位和作用也越发显得重要。

二、传统商业街市的布置

传统商业街市的布置形式主要有两种：一是街道两侧带状住宅设置沿街底层商店，二是集中片状的集贸市场。它们存在的主要问题如下。

①人流、车流混杂，街道往往被分道线的栏杆阻隔，导致两侧商店可望而不可即，集贸市场更是人车争行，车辆乱停乱放，严重影响安全和卫生。

②商店设于住宅底层，受上部建筑结构开间、进深的制约，在规模及行业选择上受到限制，在多层住宅底层设置商店还受到规划以及上部住宅造型、比例、尺度等方面的制约。

③商店设于住宅底层相互干扰大，尤其是餐饮服务业使上部楼层居民生活苦不堪言，一些城市甚至立法规定餐饮业不准设于住宅底层。

④房地产开发商追求住宅与商店房价差额利润，规划中，沿街满布商店，致使各路段形成屏风式街道空间，南北走向行列式住宅中插入商店，行人视线被封闭，小区内部景观绿化难以达到"透绿"，缺少街道空间层次以及渗透交融。

三、现代居住小区中步行商业街的布局

为保持传统商业街市的集聚效应，做到人车分流，提供良好的现代购物环境，满足居民购、逛、娱、饮

等多方面生活、文化活动的需要,在居住小区中设置步行商业街既可适应居民的群体聚会活动,又能体现不同小区的空间场所特征,也起到了"人(居民)、商业、环境之间互动的交替作用",为人们活动增加了安全感、认同感以及对小区的归属感。因此,步行商业街在一些小区规划建设中受到了重视,常采用的布局方式有下列三种。

(1)纵向布置

沿小区步行人流入口纵深方向两侧布置,结合环境小品,设置小型广场,通过街道界面的曲直、宽度的收放(线、面的节奏、错列)方式做到有序、有景(见图 7.1 至图 7.3)。

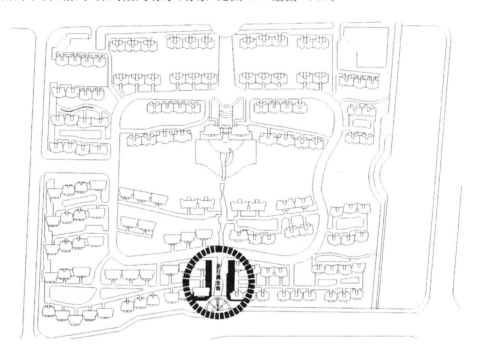

图 7.1　上海新时代花园小区总平面

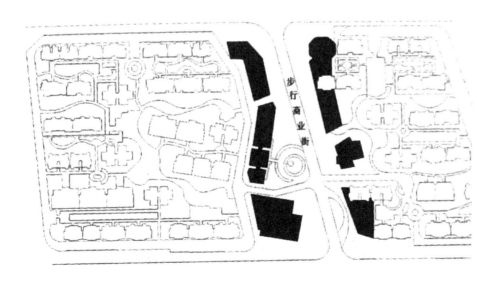

图 7.2　郑州顺驰淘珍街总平面

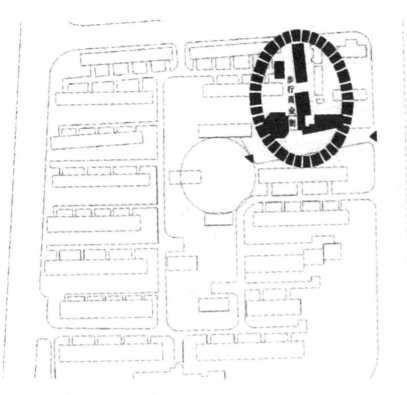

图7.3 都市宜家步行街(上海)

以在小区南入口布置步行街的上海新时代花园小区、郑州鑫苑名家小区为例。前者虽然步行街不长,但通过层叠式水景形成小区的特色(见图7.4);后者在小区步行街主入口,通过两侧高低不同的住宅形成公共空间,辅以环境绿化设施、小品,提高小区的品位(见图7.5、图7.6)。郑州顺驰淘珍街是贯穿小区南北的步行街,转折的街道、小型广场、水景以及不同类型和主次的商店的搭配,成为小区销售的亮点(见图7.7)。

图7.4 上海新时代花园小区步行街

图 7.5　郑州鑫苑名家小区

图 7.6　郑州鑫苑名家小区步行街

图 7.7　郑州顺驰淘珍街街景

（2）横向布置

在街道围合的小区一侧布置商业步行街，小区规模适中，并且商业服务设施完善，形成独立地段商业中心，上海东苑半岛居住小区（见图7.8）、都市宜家居住小区（见图7.9）、郑州大学新教工居住园区均属此列。前二者住宅采用两三层的高度，街道、绿化配置尺度宜人，通过入口标志、塔楼显示不同的风格。

图 7.8　上海东苑半岛居住小区步行街　　　　图 7.9　上海都市宜家居住小区步行街

（3）中心布置

在居住区的中心位置布置商业步行街，并与城市地下或高架交通网络的出入口相结合。如20世纪80年代建成的香港美孚新村商业步行街，在步行街两端设置了地铁站入口，为大型居住区结合城市交通的合理规划提供了有益经验。香港仔中心在地处繁华的城市组团中心和密集的高层住宅群中辟出步行街，避免了过于喧闹，并留出了一片较安全而休闲的场所。一般小区也可结合中心绿地、休闲、健身场地布置商业及居民活动场所，但这种场所的规模应有所控制，不宜过大，以免人流过于集中、环境嘈杂。

四、小结

商业步行街的构成要素涉及社会、经济、功能、行为、文化、空间、环境、形态等要素。虽具共性，但如何在此基础上彰显个性，使小区的步行街各具特色，是规划、设计的创新课题。在市场经济条件下，诸要素也是千变万化的，加之策划、开发、管理、审批部门以及设计人员达成共识往往是一个反反复复的过程，布置商业步行街的决策随意性、主观性较强，科学性不足，这些问题都有待进一步研讨。但不可否认，在居住小区内设置商业步行街已显示出其优越性，商业步行街作为一种布局方式必然会有全新的发展趋势。

（原载于 2005 年第 8 期《城市建筑》）

8. 影响城市住宅开发与设计的五大因素

改革开放以来,我国住房制度开始了深层次的改革,住宅建设规模之巨、速度之快、质量之高超越了任何历史时期,这一进程也把城市住宅建设推向了房地产市场,房地产业经历了由"九市场"到市场复苏、发展、振兴的过程,城市住宅的开发将不再是政府、企事业单位的单一行为,而是在满足消费者利益的基础上,研究如何适应市场需求并提供商品或服务的房地产企业的活动。

通过近年来城市住宅的开发、规划设计与学习市场规律,沟通房地产开发企业之间的意向,从改变观念到创作方案、完善设计,笔者初步感到住宅的设计与开发应从以下几个方面进行综合考虑,即城市住宅的区位、本位、定位、品位、价位,才能达到发挥建筑设计作用、扩展建筑设计领域、提高居民居住水平的目的。

一、区位

城市住宅区的不断发展、更新,无论是旧城区的改造或是新区的建设,首先应对其区位的条件进行分析、评价。区位不再是安排几幢住宅或一个小区的孤立位置或地段,而是融入了城市总体发展、历史背景、周边环境以及城市文脉等诸多因素。

任何一个区位的确定,都是多方面的因素相互作用的结果,即通常所说的区位条件:①自然条件;②交通条件;③周边条件(如商业街服务);④社会条件;⑤人文、历史条件……这些相互作用的条件,在一定的情况下,有主次之分、有利与不利之分,各个区位条件(因素)都是将开发商(也是对消费者)引向一定区位的作用力,而每一种作用力都会产生某一方面的社会与经济效益。他们在选择地段时,这种相互作用产生的合力,在决策时是至关重要的。正如德国经济学家摩什所指出的:"找到正确的区位,对于人生的成功是不可缺的,对于一切企业的成功,对于一个永久居住点的建立,总之,对于人类一定集团的生存都是不可或缺的。"

由于城市的发展在几十年以至百年、千年的过程中,各个区域、组团以及主次干道等所担负的功能、职能及发展方向的不同,城市交通成为确定区位价值的重要因素之一。郑州市东北组团的三条南北交通干线(南阳路、文化路、花园路)划分出的三个不同功能分区(工业区、文化教育区、行政区),今天在开发住宅产业的定位中,因受到历史条件的制约而产生了较大的差别。上海的浦东在"三年大变样"的高速发展中,人们"宁要浦西一张床,不要浦东一间房"的旧观念发生了反转,加之城市交通条件的改善,商业、文化服务设施的配套,无不为区位条件增添了新鲜的活力。此外,区位的自然条件(滨河、沿海、城市中心、近郊),城市总体规划的市政基础设施实施,社会、历史条件的影响,等等,如能充分分析,判断优势,将为住宅开发提供有利因素。

住宅开发的区位理论虽有众多模式可资借鉴,但必须考虑各种因素的转换可能,或矛盾的转化,如住宅区位的"过滤过程",即在城市发生大量居民外迁过程中,实现了住房水平的相对提高,但交通费用、出行时间的增加,使人们将住房与交通的互换选择摆到了一定的位置。而城市交通工具的多样化、高速化以及立体交通网络的实现将会改变上述两者之间的权衡、比值。据报道,当北京媒体一发布地铁八通线通车时,其周边地区房价一路飙升,以大运河东岸武夷花园为例,早期开发时,起价为 1800 元/m²,现已突破 3000 元/m²,无怪乎地产商把地段(区位)看作是物业价值、投资回报、升值空间的决定因素。

二、本位

在满足住房的社会要求,遵循市场运行机制以及住宅设计原则时,建筑师应把"以人为本"和可持续发展放在重要的位置,以满足人们对住房所提出的更新、更高要求,也即对整体居住环境的要求。

通常,必须考虑以下三个方面。

①住宅功能的合理性、完备性。

②充分利用与完善生态环境,如阳光、绿化、空气、水。

③提供和发展社会要素。

"以人为本"旨在提高人们的素质和城市文明程度,建筑师既要了解住户(不同年龄结构、不同的阶层、不同标准的需求),考虑人对居住环境多元性、个性化的要求,又要在社区管理、教育条件、就业水平及文化需要等方面,满足人们的物质与精神的双重要求。

城市住宅开发与设计应达到《盖娅住区宪章》中"为星球和谐而设计,为精神平和而设计,为身体健康而设计"的要求。因此,站在深层次生态学的立场,要认识到"人类只不过是世界上诸多物种中的一个,在地球整个生态系统中,人类有着自己特定的位置,只有当他有益于这个生态时,才会有人类自身的价值"。

在建筑设计中,只有注重生态原则以及周围环境,才能扩大"以人为本"中"本位"的外延与内涵。因为在建造住宅时建材、设备生成的各种废弃物以及维持建筑运作的过程中所消耗的能量,如果毫无节制地构成对生命保障系统的威胁,如小区中超大规模的人工湖、大草坪、住宅类型与布局的单一化、住宅近乎奢侈的内部装修……那么,就会重蹈发达国家无节制地消耗能量的覆辙。

三、定位

住宅开发的定位从根本上说是由市场所决定的,即所谓市场决定产品,产品占领市场,同样,房地产市场虽由市场主体、客体、价格、资金、运行机制等经济要素构成,但住宅开发又不得不涉及相关的因素,换句话说,住宅作为商品有它的特殊性。

①政治经济环境因素,即国家对住宅开发的方针、政策因素,如拉动内需的政策、住房公积金制度以及银行信贷,等等。

②生活方式与生活环境因素,如人们消费观念的变化,购房理性的成熟……

③科学技术因素,如住宅内各项设施、设备的更迭与技术提高等。

④社会、法律、伦理等因素。

住宅的定位是包括建设规模、小区布局、住宅层数、住宅类型、户型面积、户型组合比例等一系列因素综合选择的结果。此外,在住宅的开发定位时,我国一些城市建立起住宅的社会保障体系,以解决低收入家庭的住宅问题。在政府相关政策的调控下,如对经济适用房在政策上予以支持,并提出"面积不大功能全,质量优良售价低,占地紧凑环境好"的原则,对住宅开发、设计的"定位"提出了明确的要求。此外,随着消费者购房理性的成熟,全面考虑开发与设计的定位,以及其多样性与复杂性,在不断深入调查市场的基础上,进行科学的市场预测,才能得到市场的认可,才能使市场健康地发展。

四、品位

住宅及小区的品位包含了内在品质与外在表现两个方面,内在品质通常指质量、规格、水平,外在表现指建筑环境、建筑造型、建筑风格等。一些开发商为了增强宣传力度,提升广告效益,冠以不少动人的名称,如"名人家园""××名苑""世纪家园""亲水住宅""景观住宅""绿色住宅""生态住宅"等。作为"品位"的创新不是片面地追求时尚,因为品位要经过时间的筛选,时尚往往随风即逝,而品位则永恒。

上海福康里的改造中发掘里弄住宅的设计内涵,根据空间布局、组团组合、绿化设置,以及原里弄住宅多变而丰富的建筑符号,运用简约而流畅的手法延续该地区的建筑文化,提高了品位。

上海苏州河的污染得到整治后,区位环境水平的提升以及历史文化价值的显现,为住宅小区的建设品位创造提供了极有利的条件。

品位在一定意义上就是品牌的创造,它建立在观念创新、技术创新、作品创新的基础之上。开发商与设计人员紧密合作,相互尊重与理解是至关重要的,开发商过多的不恰当干预,设计人员的水平不足与浮躁都会对品位的创新造成影响。

五、价位

商品住宅的价格有两个层面的内容:第一,从经济层面上它包括开发成本、税金、利润三部分;第二,从社会层面上它包含住宅区的区位价值、品位价值及社会效应。因此,住宅价位的确定应在控制开发成本、结合国家政策的同时,综合考虑住宅的区位、品位及社会效应,使住宅的价位趋于合理。

近几年国家的住房制度改革,把住宅从福利分配的实物形式变成了商品,进入了房地产市场,成了消费者购买商品中投资最大的商品之一。据调查显示,大部分购房者把房价放在了影响其购房的诸多因素中的前列。目前的房地产市场,一方面新开工的楼盘大幅度增加,另一方面住宅空置率又逐年攀升,房地产商不得不采取随机就市、低价入市的策略。住宅的价位超出了消费者的承受力显然是造成这种现象的主要原因。根据目前我国的经济状况和居民的消费水平,业内公认的套房销售价格与消费者每户年均可支配收入比率为5～6较为合适(按每套房 100 m²,户均 3～4 人计算,从表 8.1 中可看出我国许多城市的比率都超过了 10)。

以郑州市近年来开发的一些小区(以多层、小高层居多)的房价为例(见表 8.2),由于地段、位置、交通、环境而形成的差价几乎有一倍之多。

又据上海戴德梁行 2001 年 40 多个楼盘成交 17191 套住宅(见表 8.3)可见,中低档价位的住宅销售在上海仍然占着极大的比例。

城市住宅的开发与建设必须将房地产商的"算开发账"(定位)、建筑师的"创品牌"(品位)以及消费者的"念购房经"(价位)三者紧紧联系,才能达到相互促进、相互提高的目的。

表 8.1　部分城市套房销售价格与户均年可支配收入比率

序号	城市	2001 年户均可支配收入/元(每户 3~4 人计)	套房销售价格/元(按每套 100 m² 计)	比率
1	北京	39365	488370	11.4
2	上海	43804	380666	8.7
3	深圳	77087	692120	9.0
4	沈阳	21713	296820	13.7
5	宁波	40769	240537	5.9
6	安阳	22852	286050	12.7
7	西安	21638	233760	10.8
8	南京	30084	357920	11.9
9	郑州	24704	212190	8.6

表 8.2　郑州市近年来开发的小区房价

序号	小区名称	区位	地理位置	均价	类型	备注
1	汇美家园	管城	航海东路水上世界对面北 300 m	1300	多层	
2	恒业嘉年华	管城	陇海路与东明路交叉口向西 500 m	1450	多层	
3	天泰艺墅世家	二七	二七区兴华南街东兑周路西	1600	多层	
4	兴达花园	二七	二七区郑密路 9 号	2300	小高层	
				1600	多层	
5	星河家园	金水	东风路与丰产路交叉口	1770	多层	
6	金誉良苑	管城	陇海东路汽车南站西侧	1800	多层	
7	中海丽江水花园	金水	南阳路东农业路与东风路之间	2000	多层	
8	建业城市花园	金水	建业路	2900	多层	

表 8.3　上海戴德梁行 2001 年楼盘成交价

价位	比例/(%)
45 万元以下	46
45 万元~100 万元	51.66
100 万元~300 万元	0.04

合作者:邹一挥

(原载于 2003 年第 11 期《中州建设》)

41

上篇　学术论文

9. 同曲异工
——三座小型文化建筑的设计

在世纪交替之际，笔者承担了以下三座面积不大、类型近似的小型文化建筑的设计。

①郑州升达艺术馆（见图 9.1 至图 9.5）：位于郑州市商城遗址保护范围内，限于地段，偏于一隅，高度受制，限建 2～3 层，建筑面积约 3700 m²（由台湾一位教育家投资）。

②南阳理工学院国际会馆（见图 9.6 至图 9.9）：在校园东北角，与新建第四教学楼毗邻，统一规划设计，由日本友人资助，作中日文化交流及召开学术会议之用，建筑面积 1500 m²。

③林州红旗渠分水岭展览馆（见图 9.10 至图 9.13）：为弘扬与展示红旗渠的艰苦奋斗精神，作为宣传教育与旅游景点建筑，在原分水岭灌渠后院修建，建筑面积 1000 m²。

通过基地条件、功能特点分析及与甲方对话，面对投资较低等不同的制约条件，在一些共同的类型特征下，如何体现各自的个性，回顾创作过程，感到有所收获、有所体会，写出来，敬请同行指正。

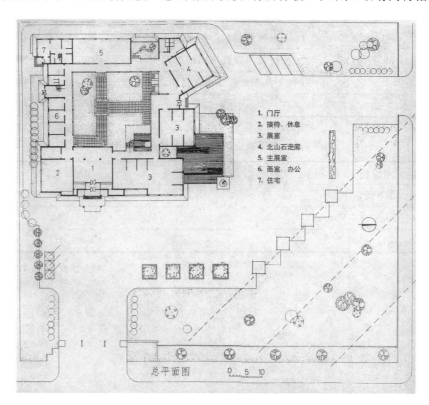

图 9.1　郑州升达艺术馆总平面图

图 9.2 郑州升达艺术馆外景(一)

图 9.3 郑州升达艺术馆外景(二)

图 9.4 郑州升达艺术馆庭院(一)

图 9.5 郑州升达艺术馆庭院(二)

1 门厅
2 展览室
3 会议室
4 办公区
5 会堂
6 休息廊
7 培训室
8 和室

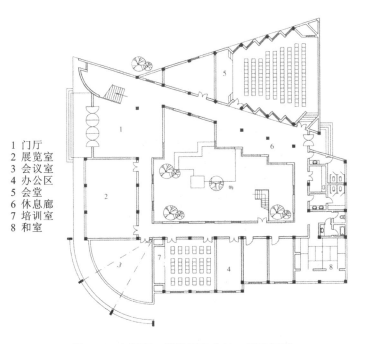

图 9.6 南阳理工学院国际会馆一层平面图

图 9.7 南阳理工学院国际会馆外景(一)

图 9.8 南阳理工学院国际会馆外景(二)

图 9.9 南阳理工学院国际会馆庭院

图 9.10 林州红旗渠分水岭展览馆外景(一)

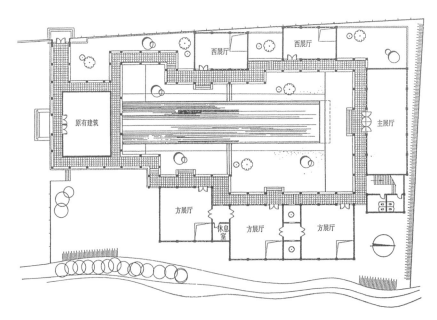

图 9.11 林州红旗渠分水岭展览馆一层平面图

图 9.12 林州红旗渠分水岭展览馆外景(二) 　　　　　图 9.13 林州红旗渠分水岭展览馆外景(三)

一、庭园的魅力

作为古今中外优秀传统手法之一——庭园空间组合,更是中国传统建筑文化的核心,不少学者在发掘其外在特征与内涵展开方面发表了不少真知灼见,为建筑创作提供了理性的思考。这三座建筑自然而不经意地选用了这一手法,其特点归结起来有以下几点。

(1)有序性

文化建筑由于功能性质、内部空间尺度的不同,如展览、讲堂、办公室、研究室等,通过庭院组合,建立起有机而有序的空间环境,使得各个部分主从明确、起承转合、规整有序、章法清晰,以走廊的围合与引导,串联起各个空间而形成整体。

(2)内聚性

庭园空间以其特有的界面条件,或虚实、或中介,室内、半室外的交替与连续,使庭院的一切要素都结构于一个和谐与内聚的空间之中,即通过空间的界定、渗透、变换,随着糅合时间的进程,为组景、庭与亭,创造了步移景异的效果,加深了人们对空间的感受。

这种既内向聚合,又外延开放,极具弹性与广泛的适应性特征,也恰是庭园空间魅力之所在,三座建筑在外廊(或封闭走廊)的处理中以不同的界面条件通过收与放、宽与窄、平直与转折赋予了灵活、多向的视觉印象。

(3)模糊性

庭园空间在探求内外空间的"中介""亦此亦彼""亦内亦外"关系中显现模糊性,这是其一。在创作过程中使"规律性的隐埋……与很浓厚的经验性"在难舍难分的结合中得以表达,适应了市场客观审美情趣、判断的需要,这是模糊性之二。三座建筑的造型与风格,无论是符号的采摘、细部的设计,还是对时代的、民族的、国外的、乡土的一些东西的借鉴,在设计中的运用都很难冠以某一特征与流派,这是模糊性之三。

二、手法的融汇

建筑创作手法的中西交融、古今杂糅已成为我们这个时代新的标志与共识,加之前卫和新潮的理念、时尚又往往成为新一代追逐的目标。我们既受过传统古典建筑美(诸如主次、均衡、对称、韵律)的熏陶，又受到现代主义各个流派视觉艺术的感染与冲击,把三座建筑的设计实践作为进一步深化认识、理解、融汇各种创作手法的结合点,从另一个层面上说也是在创作方法与手法的综合运用中通过物态(形象的、造型的)操作,如网格、单元、穿插、旋转等的适配传递着自身的体验,使之成为较具体而生动的信息载体。当然无论是从纵向还是从横向,对手法的采纳应立足于此时、此地,以便在时空的长河中留下一点踪迹。升达艺术馆与红旗渠展览馆以单元式展厅重复而错落地排列,前者北向一展厅以 45°旋转,不仅扩展了次入口,又打破了北立面沿直线展开的单调,后者以连廊的隔围与通透、视线的收放,使平面形态的节奏与空间秩序丰富而生动。

国际会馆的高低两个三角形形体的穿插交接,以及二层休息厅的交接点的凸起,采取虚"眼"处理,加强了斜面的视觉冲击力,面与面之间的层次,以及虚实的对比。

三、细部的处理

建筑细部从古典或现代手法上,作为建筑的一种点缀、装饰,或象征与符号,无论是"外加上去的装饰"还是运用建筑材料本身表现质感肌理的内在美,各个流派作品的建筑细部都是体现时代特征、作者个性的重要方面。"空间给人以震撼,细部给人以感动",细部应让动人之处更动人。

这三项设计中,在材料、装饰、色彩诸方面,给予了一定的注意,如面砖引线的划分、色彩的配合、栏杆的处理……加上外界各方面的影响与配合,最终达到了设计的初衷。

我们走过建筑创作步履维艰的年代,"适用、经济、美观"打下的深深烙印难以忘怀,如今又面临建筑作为商品的汹涌大潮,与世界接轨的形势,以及创作的多元化时代。手法的堆砌与融汇、借鉴与创新,难以像小葱拌豆腐那样一清二楚,应紧紧地把握创作的机遇,多一点理性,少一点拼凑;多一点文化思考,少一点浮躁;多一点现代感,少一点时尚;倾注关爱作品的意识,去做好每一个设计,力争为建筑园地添花增色。

合作设计:顾若南　张彧辉

(原载于 2002 年第 4 期《建筑学报》)

10. 建筑中穿插的运用

现代建筑从 20 世纪初发展到现在,产生了丰富多彩的创作手法。它与古典建筑不同的是:首先,古典主义建筑多强调立面的设计,而现代建筑的目的之一是创造独特的空间;其次,古典主义讲求的是对称、稳定、协调等准则,而现代构成手法建立在点、线、面、体等基本要素及其相互关系之上,并且由开始的理性主义逐步发展到现在的多元化体系,以矛盾、多变、无序为特点;再次,古典建筑在形体组合上一般采用并置与叠合,而现代建筑则更注重从空间构成方面,从三维甚至四维角度来组构形体。而穿插正是体现这些特征的现代设计手法之一。

顾名思义,穿插就是多个形体相互交叉与切合。可以是实体上的,也可以是轴线延长后的交叉,并且其交角常常不是直角,以期造成一种冲突与变异的效果。从形体构成的角度,穿插可以分为三类:线、面、体的穿插。点没有长、宽、高的维度,因而无所谓点的穿插。但一定体量的建筑局部,宏观上亦可视之为一点。

一、线

线的相对位置,在平面中可以是交叉、平行,在三维空间中可以是不交叉也不平行等多种情况。线的形态不同,给人的视觉感受也不同:垂直的线条给人以向上之感;曲线是流动的,动感十足;水平线则有发散的趋势。线在建筑视觉中占了相当一部分比例,人们无法同时观察它们,观看的不同顺序产生了不同认知。因此,就可以在设计中人为地安排线条的走势,决定人们欣赏的次序,从而引发人们的心理感受。

丹尼尔·里勃斯金德对于线这一元素的认识早在他 1987 年参与的柏林住宅计划——"城市边缘"设计竞赛中即有所体现(见图 10.1)。设计者做了一个长约 450 m、宽约 10 m、高约 20 m 的线状建筑综合体,以期与那条人为的政治边界线呼应。建筑主体似乎正在挣脱并逃离城市的历史脉络,但由于利用原有的城市素材作为原材料,可以看到历史的斑驳痕迹,从这里我们可以看出设计者对"线"这个元素赋予了更多的涵义,尤其是与时间的联系,表现出从历史到未来的一个过程,这一思想在犹太人纪念馆中得到了继承。德国柏林犹太人纪念馆很好地体现了这一线的穿插理念(见图 10.2),整栋建筑由两条"线"构成:一条为延续的之字形折线,一条为纵贯其中的虚拟直线。设计者把他的这一作品形象地称为"线之间"。在这里,两条线表征不同、功能不同,其内涵也不同。之字形折线象征爆裂的、变形的大卫星,是犹太民族的象征,表示犹太民族对柏林发展的间接而深远的影响。与之相对应、隐含于其中的断续直线,才是犹太人真正命运的体现,被称为"虚空"。它是不确定性的存在,却以其"无"衬托其"有"。参观者无法看到确实的形体,但能通过进入它的各个片段来感知它。千百年来犹太人的居无定所,决定其丰富的历史、文化、传统只能以间接方式来表达。这两者通过穿插联系在一起,你中有我、我中有你,这也是这栋建筑的特殊性决定的。柏林的历史和犹太人的传统两者互为表里,缺少了任何一个因素,纪念馆都将是不

图 10.1　柏林住宅计划(德国)

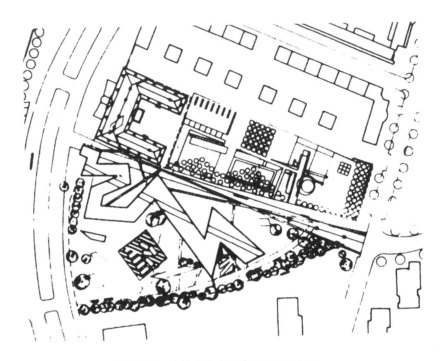

图 10.2　柏林犹太人纪念馆平面(德国)

完整的,这种表里的关系在设计中被发挥得淋漓尽致(见图 10.3)。

　　在安藤忠雄的近作日本京都府立陶板名画庭院中(见图 10.4),我们可以体验到他对空间序列和浏览方式的理解与诠释。这位一向重视本国传统的建筑师把日本古典的室外游廊引入,并加入了其他要素,如步道、坡道、外廊、连桥、混凝土墙壁、水幕等。但却不是从前的单一平面上的游走,而是使这些要素在空间上互相交叉、叠合,形成一种奇妙的空间效果,显示了穿插手法的无尽魅力。它没有空间的张扬,只有宁静、平和与"禅"的意味。

　　这种将线幻化成走廊与通道的立体穿插,常见于贯穿数层的室内空间或中庭中,如贝聿铭设计的华盛顿国家美术馆东馆(见图 10.5)和新落成的东京国际信息文化中心(见图 10.6)。前者穿插于三角形大厅中不同位置与层面的架空人行天桥,与其说是联系各个展厅的功能性通道,不如说是在大厅中不可或缺的、丰富室内空间层次的要素。后者在舟形的巨大玻璃中庭中,用电梯、空中廊桥和坡道连接建筑内各部分,把开放广场与各会议大厅结合起来,不同标高的廊道为室内外城市公共空间提供了尺度的参照,同时也使得在室内的行进有了更多的变化与趣味。

图 10.3　柏林犹太人纪念馆外观(德国)

图 10.4　京都府立陶板名画庭院(日本)

图 10.5　华盛顿国家美术馆东馆(美国)

图 10.6　东京国际信息文化中心(日本)

二、面

面的相互关系有平行和交叉两种,各种形态的面,是线在空间中运动的痕迹,比之于一维的线,二维的面在空间中有更多的发挥余地,人们对一个面上的各种形式的位置是用自己的形体意识语言来理解的:比如一面墙上有一排窗户,如果有一扇与其他的不等高或位置下错一点,在潜意识里就会有一种想把它扶正的感觉,且出现其他形式的变异来回应,以期取得负负得正的回归感。

彼得·埃森曼设计的东京布谷公司总部(见图 10.7),建成于 1992 年。由于日本是个地震频发的国家,设计者把"海底扩大学说"理论作为暗喻加以应用,表现出地球变动所产生的裂痕。从外观看,建筑好像处在坍塌的边缘:层层剥落的立面、倾斜的窗户、不与地面垂直的外墙……记载的是建筑在地震作用下,崩塌前"凝结的瞬间",也是建筑自身存在的一瞬间。而其内部,除了地面保持垂直或水平外,其他如梁架、扶手、墙体、隔断等都有一定程度的倾斜,更加强了不稳定感,这是此栋建筑最大的特点,也是设计者对传统办公建筑的重塑,在特定的地理条件下激起人们的危机意识。不稳定性的表象存在于建筑中,而不适感存在于人们的自身感受中。具体的景象在人们心中唤起了过去实际体验过的、即将来临的坍塌和不稳定感,人们看到的是建筑,但其实已经把自身与建筑的外表状态等同起来,也就是说,人们"把自己改写成建筑的术语了"。实际上,建筑本身倒并非"不稳定"。打破常规的思维模式,是对传统的挑战,也是创造力爆发的一个契机,有变异才有更新。

另一种意义上的穿插,当属埃森曼在美国哥伦布俄亥俄州立大学设计的韦克斯纳视觉艺术中心(见图 10.8)。设计者使用两个网格生成建筑,一个是大学的校园网格,另一个是哥伦布市的市区网格,可以各代表两个面,且其道路网是不平行、成一定夹角的。这样,艺术中心就同时从实体上与象征意义上把校园和城市这两个"面"连接在一起,使它们同时作用。加上建筑北部的水平错位,隐喻着当年因地质测量的误差,而产生的哥伦布市的轴线误差——"格林维尔痕迹";还有已经拆毁的军火库,这些"不可见的历史或结构",通过建筑的形成显现出来,由深层要素上升到建筑要素,体现了埃森曼的广义文脉主义在建筑中的实体化。建筑在尊重周围历史、文化背景的同时,自身的生成也带给本区域一个变数。当建筑基于地形、周围环境考虑,或是顾及建筑的人文、历史背景和城市肌理,而相应地改变了自己的形体后,无论是从感性上分析还是从理性上分析,它都不再是孤立的个体,而是作为一个新的组成部分加入到整个系统当中。

图 10.7　东京布谷公司总部(日本)

图 10.8　韦克斯纳视觉艺术中心(美国)

三、体

中空的体包围而成的建筑空间,是凸显建筑特性最重要的元素之一,建筑设计的目的之一就是要创造独特的空间。建筑的空间价值首先是由实际尺寸决定的,但它还受到众多其他因素的影响,如光和影的位置、色彩、内部尺度之比、参观者受刚刚离开的那个空间的影响、突出物,等等。

弗兰克·盖里设计的德国维特拉家具美术馆(见图 10.9),侧墙无窗,采光均利用天窗,因此雕塑感极强。它利用了穿插和抽象化的鱼的游动造型,各种形体在空间中相互渗透,形成了一种动态平衡,很符合上述如曲线(面)对心理造成的流动感的定义(见图10.10)。这是盖里设计的空间所特有的,并形成了他的风格,可以陆续在他的作品中看到,如西班牙巴斯克自治区首府毕尔巴鄂的古根海姆美术馆(见图10.11)。与盖里设计的其他建筑类似,把被拆散的建筑几何条块重新加以有层次的组合与堆积,由多个直面体及曲面体互相咬合、穿插而成。外表是钛金属的面层和巨大的玻璃幕墙,里面的形心是一个有着金属穹顶的中庭,周围包括19个展厅和行政办公室,由传统的直角空间和其他曲面或异型空间组合而成,连接体是弯曲的走廊、通道和玻璃电梯等。

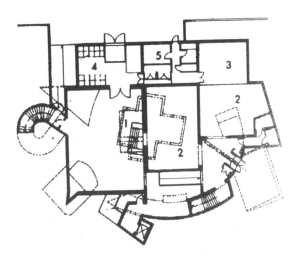

图 10.9　维特拉家具美术馆平面(德国)

图 10.10　维特拉家具美术馆外观(德国)

图 10.11　古根海姆美术馆(西班牙)

矶崎新的佛罗里达奥兰多迪斯尼总部大厦(见图10.12),是设计者对穿插的另一种诠释。外观表现为一栋长条形的办公大楼被一圆台穿透,另有些立方体成不同的角度切入到建筑主体中。圆台的内部是中空的,并在混凝土墙面上做了时刻及指针,阴影随着一天中太阳入射角度的变化而变化,本来静止的空间随时间开始流动起来(见图10.13)。其另外一个作品,日本北九州市立美术馆(见图10.14),根据两套轴线同时作用而成,分别是综合展示场的纵轴线和海岸线,而建筑本体也分成两部分,一个是有波浪形屋顶的低层建筑,另一个是塔楼。无论从材料、色彩、体形等来看,它都是变化多端的,但带给观赏者的是出乎意料的无序之美。两者都反映出设计者内心的冲突与矛盾,戏剧化的表现方式,与他所经受过的日本的战争和他的"废墟观"是密不可分的。

线、面、体在空间中的穿插,是深刻而具冲击力的。各部位的夹角不再是90°,天花板和窗户也不再水平,原有的透视模式被打破,建筑形象变得不确定,人们从横平竖直的传统世界与惯性思维里走了出来。紧张、意外、不循常规,给人迥异于以往的空间和视觉感知,在强调个性化的当代,这是一种全新的建筑体验。

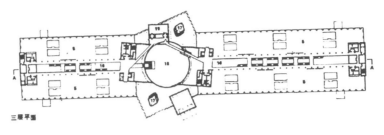

图 10.12　迪斯尼总部大厦平面(美国)

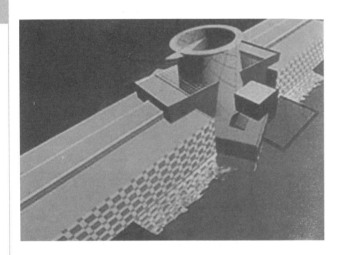

图 10.13　迪斯尼总部模型(美国)

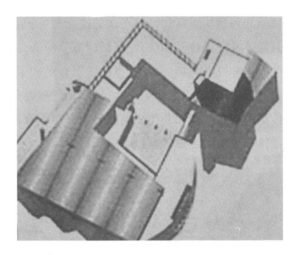

图 10.14　北九州市立美术馆(日本)

当代多元化的设计手法包括穿插,其成因可以作如下解释。托伯特·哈姆林编著的《20世纪建筑的功能与形式》第二卷"构图原理"中,所提出的是均衡、对称、稳定、节奏等古典原则,并对所谓"杂乱、矛盾、冲突、破碎"提出了强烈的质疑。首先被批驳的是17—18世纪的巴洛克建筑风格,它被冠之以"卖弄噱头",并会使观赏者"受到冲击、干扰和不快"。如果说巴洛克是建筑史上第一次对传统进行反叛的话,那么当代异彩纷呈的流派和设计理念,以及设计手法上的创造,则是第二次有力的震撼。所不同的是,巴洛克试图突破承之于希腊、罗马等的西方古典主义建筑,而当代希望超越的是现代主义建筑。前一次的反叛并不彻底,首先,从形式上没有脱离原来的套路;其次,有破无立,疯狂追求外表的"新、异",空间上没有实质性的创造,最后走向极端,真的成了"矫情主义"。所以,它在历史上未能得以传承,最后仍然让卷土重来的新古典主义占了上风。

19世纪末20世纪初的一阵现代主义狂潮席卷一切,刮走了所有的陈腐,重新打造起一个截然不同的世界,这在当时是前所未有的革新,它带来了理性主义、抽象美学。然而,一个世纪过去,随着经济的发展和宽松政治环境的建立,人们有了富余的财力、物力、精力,加上社会公众宇宙观、世界观、人生观和审美观的变化,现代派的某些观点又不适用了。非理性、个人风格等纷纷抬头,"在简单而正常的状况下所产生的理性主义,到了激变的年代已感到不足",外因已经具备,内因开始蠢蠢欲动,渴望新变革的到来。于是在表现上(思维与观念须通过物质形式表达出来,无论是文字、绘画、雕塑、建筑……)不求完整统一、和谐一致,反而强调变异、残缺、冲突、碰撞、扭转等一些以前看来是离经叛道的东西。穿插和当代其他常用设计手法一样,从这一思想潮流中重新定位了自己。

当代是个多元化的时代,近20年来的建筑设计理念尚未归纳整理,正处于"百家争鸣,各自为政"的状态中。表面上许多建筑师使用了同一种设计手法,然而其哲学背景和设计思想却大相径庭,虽然多元主义迟早要向新的形态转变,但目前仍然没有出现契机推动这一事件的发生。19 世纪末 20 世纪初,同样涌现了众多的流派,在同时代的人眼中是纷繁芜杂、绝不雷同的,甚至我们现在想到四位伟大的建筑师时,他们的风格也截然不同。但这并不妨碍在半个世纪后,当我们离得足够远时,把其统称为"现代主义"。所以,以上的实例虽然表面上千差万别,设计理念也不一样,但它们之间的相似性和差异性同等重要。我们相信,若干年后,未来的人们会给它们一个合适而确切的评价。

第一作者:曹康

(原载于 2001 年第 3 期《华中建筑》)

11. 门的文化与"门式"建筑

一种近似"门"的建筑频频出现在国内外的城市建筑群体中,这种建筑造型可以说多数取自"门"的创意。此外,也有一种做法是在单体建筑上以挖洞的方式构成通透的体型,虽然无法一一深入了解其立意所在,但如果把它归入"门式"建筑之中,继而进一步对"门式"建筑从历史演进、文化背景、形态构成多方面进行分析,探讨"门式"建筑的创作手法,这将对发展城市空间、丰富建筑形态、美化街道景观起到一定的作用。

一、门的释义

《说文部首》谓:"两甲。象门形,安装在'鸡栖木'上的门的全貌,省而作门。"今简化为门,可见,"门"字来源于远古门的形象,现今门主要是指建筑物的出入口上用作开关的设备,即指出入口。在风水学中,门通出入,被视为气口。"气口如人之口,气之口足,便于顺纳堂气,利人物出入。"

中国传统建筑基本上是由"门""堂""廊"三种不同性质的部分所组成的,在群体空间组织中,一处组群要设大门、边门、后门,一进院落要一进门,如院门、房门、角门,因此,有人称中国传统建筑是一种门的艺术,它在整个组群中担当着起、承、转、接的重要角色。可以说"中国建筑已将门强调到无可强调的地步,完全独立起来另成一种建筑元素了"。

①"门"无论在功能、形式和所在位置上都各自显现出各自的特色和性格。

②"门堂"之制作为一种传统承袭了千年之久,"门制"成为传统建筑平面组织的中心环节。

二、门的作用

《释名》谓:"门,扪也,为扪幕障卫也。"设置户门最初是为了防止虫兽、风雪之危害,起庇护和通行的作用。随着社会的发展,有了私有制和阶级分化,门防卫、防盗、防御的基本功能作用降到了从属的地位,而代之以作为显示权力、地位、财富、文化的象征。

(1)单体

始于周、盛于汉的阙,至唐代与门结合为连门阙,使它既能起到瞻望、防守的作用,又能显示威严,具有震慑力。班固《白虎通义》第十二卷"杂录"曰:"门必有阙者何? 阙者,所以饰门,别尊卑也。"

(2)组群

在建筑群体组织中,门极度地渲染了空间序列的入口和起点,加之封建礼仪制度的推行,使门在形制、规格、用材及色彩等诸方面有了不可逾越的严格规定,起到了标志门庭的作用,这种封建的"门第"观念几乎渗透了封建社会生活的各个方面。

（3）城镇布局

在城镇布局中，城门、镇门、村门等，除了具有"门户"之意外，还进一步具有标明地界、捍卫疆域和领土的作用。"门"包含了禁要、要口、关键的意义，例如，在我国哈尼族村寨都设有一道门，称之为"龙巴门"，它神圣不可侵犯，住在"龙巴门"内可以得到社神的保护和同寨人的帮助，离开了它就意味着离开了社神和集体。每年头人都要带领村寨的人在"龙巴门"前举行祭祖活动，以祈求它保佑全寨平安，到了农历三月，还要更换新门，在立门那天，外人不可入内或穿寨而过，否则，会被视为给全寨带来灾难。

三、门的形象和特征

不同地域、不同国家，"门"不仅在造型上具有多样化的形态，而且还具有丰富的文化内涵，古埃及的牌楼门高大、雄伟、厚重，具有很强的防御性，其建筑风格沉闷、压抑而震慑人心，表现出王权至高无上、神圣不可侵犯的气势。古希腊的狮子门上雕刻着一对相向而立的狮子，保护着中央的一根象征宫殿的柱子。在中国传统建筑中牌楼门（俗称牌坊）是"门"的一种独特的形态。它既不与围墙相连，也不设框槛门扇，不具门的防卫功能，而是一种纪念性、表彰性、标志性的建筑。它主要起标定界域、人流前导组织、烘托气氛的作用。在牌楼最显眼的部位设置匾额并题名、题词，起到华表功名、彰表节孝、颂扬功德等作用。在世界其他国家与中国牌楼门作用相似的有日本的鸟居（见图 11.1）、印度的陶然（见图 11.2）和意大利及法国的凯旋门。

图 11.1　日本的鸟居　　　　　　　　　　图 11.2　印度的陶然

在建筑组群或城市景观中，"门"经过精心安排可成为一个很好的取景框，丰富建筑组群在纵深方向的空间层次。如通过天坛祈年门形成的景框可看到位于汉白玉须弥座上庄重典雅、流光溢彩的祈年殿。

圣马可教堂西入口的门里是高耸的钟塔、横向舒展的教堂、蔚蓝的天空和明媚的阳光。

无论是简洁的"门"框造型，或是有繁杂的雕刻、装饰点缀的陶然和凯旋门，无一不强烈反映了民族情趣、文化内涵与艺术表征，这也充分显示了"门"在单体、群体建筑，以及城镇布局中所蕴含的社会性、标志性与象征性特征。

四、现代"门式"建筑

多种多样的以"门"或门框（包括框洞）为创意的现代建筑，无论是对"门"内涵的延伸，或是对"门"所独具象征意义的表达以及创作手法的突破，都可以把它们归入两大类，这里对若干的选例作一些分析、探讨。

1）以"门"为创意的建筑或称之为"门式"建筑

（1）标志性的"门式"建筑

城市车站、港口等主要出入口，是城市的门户，这扇"门"不仅与这类建筑的性质相符合，而且通过它可大致判断出这个城市的规模、经济及文化地位等，达到"一斑窥豹"的效果。因此，交通建筑以"门"的形象作为参照为数就不少了。北京西客站（见图11.3）是铁路交通的中心枢纽，是北京的"西大门"，采用了城门楼的形象，有一个宽45 m、高50 m的"门洞"，并在长45 m的钢架上设置了一个三层重檐方形攒尖顶，重复出现在东西出站口，共同组成三座门，成为西客站形象的基调，形成鲜明的标志性，点明了这里是城市的门户，同时也隐喻了具有悠久历史文化的北京城改革开放、面向世界的豪迈气势。其他有"城市大门"寓意的车站建筑有广州东铁路新客站、杭州铁路新客站、南昌火车站、北海市火车站，等等。

图11.3　北京西客站

20世纪90年代初，日本举行了国铁车站设计竞赛，黑川纪章和安藤忠雄的方案都含蓄地引用平安京时代罗城门的形象，将它作为原型并加以抽象化，构成"门式"建筑，黑川强调火车站是京都的门户，突出了京都在日本历史上的中心作用。安藤的"双门式"建筑，试图把被铁路分割成两部分的古城区连接起来，重新激活两地区的连续性。日本川崎港的川崎玛丽安是京滨工业区的标志性建筑，呈门形的瞭望塔

(见图 11.4)，象征川崎是临海门户，表达出这里是开放的国际港口，也是市民的港湾，它在为使用者提供交流场所的同时，加强了同广大市民的交流。

"门式"交通建筑除普遍具有象征"门户开放"的意义外，还有地标、城标的作用，暗含了标明国界、地界的意义，如满洲里的国门……

国家政府行政办公建筑是以门的"禁要、要口、关键"含义，通过门的形象来体现这类建筑庄重、严肃的性格的。例如北京海关大厦，整座建筑由顶部两层高的通道联系东、西两幢塔楼组成"门"的形象，在各塔楼的顶部均有一座十字形角亭，选择了古代的门阙作为建筑的母题，隐喻了建筑的性质，昭示出海关是进出国境的必经关口，是国家的大门。长春市政府办公楼以东、西道路为中轴，按中心对称的方式布置的两幢连体塔楼组成"门"字形象，展示出市政府的庄严气质。

在海牙，1988 年建成的乌德勒克大道把街区一分为二，为了消除它所造成的不利影响，市政府决定重建这一"门户"。鉴于此，海牙大都会总部大楼（见图 11.5）采用了大拱门式的造型，连接起了大道两侧的建筑，表达了联系大道东、西区的愿望。

图 11.4　日本川崎港的门形瞭望塔

图 11.5　海牙大都会总部大楼

（2）纪念性的"门式"建筑

牌楼、鸟居、凯旋门中所蕴含的强烈的纪念性，在现代的"门式"建筑中得到了继承和延续。为了纪念京都建都 1200 年，日本京都国铁车站重建；为了纪念和庆祝法国大革命胜利 200 周年，建立了法国巴黎德芳斯巨门；为了纪念美国西部的成功开发而建了圣路易斯纪念拱门（见图 11.6），它是通向美国西部的门户和标志。高 110 m 的巴黎德芳斯巨门（见图 11.7），由两幢板状办公楼组成，它们由一座三层高的合架作顶板连接在一起。城市的东西轴线起始于卢浮宫，凯旋门、德芳斯巨门都在这条长轴上，它们遥相呼应。德芳斯区在巨门建成之前没有精神支柱，缺乏吸引力，自从巨门落成后，该区有了自己的标志，增强了凝聚力，面貌大为改观。

图 11.6　美国圣路易斯纪念拱门

图 11.7　巴黎德方斯巨门

中山大学近代研究中心永芳堂既是一座用于研究中国近代史的建筑,又是一座纪念性建筑,纪念伟大的革命先行者孙中山先生。"门式"的入口廊架和弧形墙面象征着开放中的国门,它与隐喻社会进步的三层室外踏步一起,将空间序列引至高潮——中山纪念堂。其他如上海闸北区凯旋门大厦、天津市小白楼商业区凯旋门大厦,主要是其设计元素取自门的造型或仅仅是其建筑的名称与门相吻合而已。

纵观"门式"建筑,其作为一种构思、立意和方法成为时尚而受到关注大致有以下一些原因:①象征作为一种方法,它起着标志作用,使人们形成社会认同,达到同一集团、同一地域的人集体记忆中的约定俗成或历史的重现或精神共鸣或心理企求的满足;②"门式"建筑在一个环境中,能使人们感受到较为显露的象征意义,一种风貌和气氛,作为环境中的主要标志,决定着环境的特征;③"门式"建筑这种"虚空间"作为信息的载体所具有的意义和内容有助于突出和烘托主题,它往往和历史上的重要事物紧密相关联,引起人们丰富的情思寄托与回味,成为城市文化延续的纽带。

2)"门框"或"门洞"式的建筑

这种将"门"的创意延伸的框洞式建筑也是现代建筑常采用的类型之一。虽然淡化了"门式"建筑的象征与标志意义,但它在创造城市景观、丰富街道或空间层次,以及所给予的视觉冲击力等方面都会给人们留下深刻的印象。

日本东京电讯中心(见图 11.8),整幢建筑由正方形和立方体构成,并有圆形和圆柱造型相间,两幢21层高的塔楼、横向舒展的五层裙房及顶部连系天桥——十几个巨型卫星天线和天线装置操作平台共同组成"门"式形象。简洁的体型、巨大的门洞和"连系天桥"、令人炫目的蓝色镜面玻璃幕墙无一不震撼人心,实现"把建筑形象和建筑的技术要求视为令人兴奋的、有意义的挑战"的设计构思初衷。

日本东京福冈银行本店(见图 11.9)地处密集的沿街建筑群之中,大楼给市民提供了一处可驻足休息的屋檐下的室外中庭,为城市干道提供了"喘息"的场所,改变了封闭的屏风式街景。

北京国际金融大厦以平缓的建筑轮廓线及整体建筑体量与原有城市结构相协调,巨大的门洞赋予了建筑个性,也减少了对长安街道造成大片阴影的压迫感。

位于沙特阿拉伯吉达市的国家商业银行大楼(见图 11.10)立面有一个大洞,办公室的开窗正是面对着大洞内侧的排空部分,它所形成的自然垂直的通风管道,使炎热而潮湿的空气可以自其内自然流通与上升,外墙不开一窗以阻隔阳光直射,这种观念吸取了当地的建筑手法,保持了现代的造型风格与地区特性。

图 11.8　日本东京电讯中心

图 11.9　日本东京福冈银行本店

北京中华世纪门(见图 11.11)是为了纪念跨越千年的重大历史时刻而建造的。它由跨度 300 m、高度 100 m 的大拱门及跨度 240 m、高度 80 m 的小拱门组成,大小两拱门可沿圆周轨道做反向运动,类似浑天仪的转动,它不再有凯旋门征服者的姿态,更多体现的是相容共生、人类与自然和谐发展的追求。

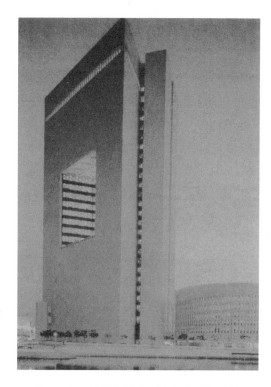

图 11.10　沙特阿拉伯国家商业银行大楼

图 11.11　北京中华世纪门

辽宁北镇闾山山门(见图 11.12)采用了图底倒转、虚实相生的手法,创造了一个独特的门的形象。它的实体部分是以多方位的门式构架向四方辐射,并采用了由四方辐合、多向度的立体空间造型;虚的"门洞"是辽代建筑的剪影,并以复杂的山形作为后衬,益展其势。

图 11.12 辽宁北镇闾山山门

"门式"建筑在屋顶下的大空间,是既具有外部空间性格,又具有内部空间性格,有着变体性质的中间领域,是建筑与都市的中间领域,部分与整体的中间领域,是黑川"缘侧"理论中所谓"空""静隙""模糊性"的空间,也如中国传统绘画及书法艺术中的"留白""布白",达到了有无相生、虚实互用的意境。"门式"建筑是一种理性与感性的结合、一种城市空间与景观在视觉上的突破、一种人的创造物与自然的交流。如果把建筑的创作看作是人对自然的理性思考与环境重塑的永恒情结,那么无论是创作立意手法,还是文化精神体现,或是审美需要,都将成为执着的追求而达到更高的境地。

合作者:汪霞

(原载于 2000 年第 2 期《华中建筑》)

12. 中国现代建筑百年简述

伴随着19世纪后期欧洲的工业革命,发生了"新建筑运动",以工业化理想为基础而设计的"现代建筑",其创作方法、功能类型、技术要素与艺术特征可以说是一种全新观念的体现,也是20世纪世界建筑发展总的趋向。

从某种意义上看,中国现代建筑与传统建筑在含义上大体有以下几个不同点。

①中国传统的梁架式建筑,单一地以"间"的形式重复排列的空间无法满足现代社会生产、生活所需要的建筑类型多样化、功能布局灵活性。

②中国传统建筑受制于天然材料的性能,长期处于手工业制作的状态,难以适应现代科技所推动的工业化带来的全新结构、材料、技术诸方面的现代手段。

③传统建筑受形制、造型的束缚,加上封闭观念的影响,而长期处于缓慢的演进过程中。现代设计观念和美学原则的突破,建筑造型、空间处理、设计手法的创新,使中国现代建筑产生了飞跃。

因此,"对一切现代功能的建筑来说,当它们在中国大地上出现之日起,中国几千年的建筑传统就中断了。这个中断标志着中国近代建筑的开始,中国建筑新生命的开始"。

一百年来,中国现代建筑的发展,尽管是反反复复、潮涨潮落的,但总是沿着这一条曲曲折折的道路前进着。

在中国近代历史上(1840—1949年),一方面,随着帝国主义的坚船利炮轰开了国门所带来的屈辱与创伤,以及西方资本主义的侵入,长期的封建经济结构逐步解体;另一方面,在文化、意识形态上表现为中西文化的强烈碰撞,使中国经济、政治和文化的发展极端不平衡,反映在近代建筑活动上,也呈现出多方面的复杂性。中国传统建筑因在功能、结构、材料、施工技术方面的局限性无法适应当时沿海、沿江、沿铁路线地区的发展,因此,一些城市需要建造现代类型的房屋,从形式、结构到形制都只能从传入的外来科学文化技术中去寻找。

1900—1949年

在20世纪初期这段时间里,西方各国现代建筑还处于萌芽状态,从建筑的"外壳"(造型)到"内部"(空间)还困在他们自己的历史风格里。因此在殖民地、半殖民地国家沿海城市的租界和列强势力范围内,由西方传教士、商人及其本国建筑师将当时欧洲盛行的折衷主义和各国自己的传统建筑样式传到了中国。这些建筑文化的传输导致了今天我国南北城市中保留下来的大量近代建筑风格多样的状况(见图12.1至图12.7),也影响着今天城市的风貌,如有"万国建筑博览会"之称的上海,有"东方莫斯科"之称的哈尔滨,红瓦、绿树、碧海、蓝天的海滨城市青岛,以及大连、广州,等等。

同时,20世纪初期从欧美学成回国的中国第一代建筑师,如董大酉、庄俊、范文照、吕彦直、杨廷宝、赵

图 12.1 上海汇丰银行大楼(公和洋行,1925 年)

图 12.2 上海江海关大楼(公和洋行,1927 年)

图 12.3 沙逊大厦(公和洋行,1929 年)

图 12.4　上海美术馆(原上海跑马场,马海洋行,1933 年)

图 12.5　上海国际饭店(邬达克,1934 年)

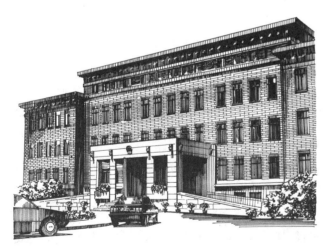

图 12.6　原国民政府外交部大楼(赵深、童寯、陈植,1935 年)

图 12.7　原上海市博物馆(董大酉,1936 年)

深等,他们大都学习的是学院派的建筑学,带回来一些先进的科学技术,又对欧洲仿古风貌的折衷主义建筑起到了传播的作用,留下了一批建筑风格严谨、施工技术精良的近代建筑,改变了设计行业由外国人垄断的局面,也有部分建筑师先后在各地大学中创办了建筑系,为培养我国的建筑人才贡献了他们的力量。纷繁错综的政治背景、经济因素与文化思潮,以及城市人口的增长,外国资本、民族资本、海外侨资的投入,城市工业的启动与发展,促使了中国建筑业的活动在 20 世纪 20—30 年代呈现了前所未有的繁荣。

　　基于中国建筑师面对列强侵略而激发的爱国主义情怀，又受中国近代文化思潮"中学为体，西学为用""保存国粹"等主要思想的影响，加之在20世纪20年代国民政府定都南京后，推行《首都计划》和《大上海都市计划》，要求"中国固有之形式为最宜，而公署及公共建筑尤当尽量采用"。在法规上促使对中国传统建筑形式的追求。此外，在19世纪末期，面对中国人民此伏彼起的"教案"——反洋教斗争，列强在中国推行宗教"中国化"或"本色运动"，以"发扬东方固有文明，使基督教消除洋教的丑号"，掩盖其文化与思想的渗透，在这样的大背景下，一些外国建筑师设计了以中国传统建筑形式、符号组合的教会学校、医院等建筑。如华西协合大学怀德堂(1919年)、北京协和医院(1921年)、南京金陵女子大学(1923年)、辅仁大学(1929年)等。当时，除了西方各国的建筑样式外，中外建筑师运用中国传统建筑形式创作了不少仿古作品，形成了中国现代仿古建筑的第一次高潮。在不同创作背景、不同的文化价值观基础上出现的仿中国传统形式的相类似的建筑，反映了中国近代社会思潮既在建筑文化上表现顽强的传承性，又新旧并杂，呈现出"四面八方几乎都是二、三重以至多重的事物"的复杂性与多样性。

　　这种从外在形式上模仿中国传统样式的建筑大致有以下三个特征。

　　①各种类型传统大屋顶、大柱廊的运用，以至整体比例采用历史上法式传统宫殿式的手法。

　　②撷取某些建筑符号加以应用，如须弥座、斗拱、马头墙、飞檐、门窗套及入口重点部位运用传统构件装饰，有的加以简化、创新。

　　③以传统细部的纹饰作适当的点缀(如漏窗、霸王拳、海棠纹、落地罩等)。

　　1925年孙中山先生陵园方案设计竞赛是当时一次重要的创作活动，从海内外征集的40余个方案中，由年仅32岁的吕彦直一举夺魁并按中选方案付诸实施。

　　南京博物院主体建筑的大厅以现代结构技术仿辽代殿宇风格，参照宋代法式做法的"大屋顶"，各侧展厅为盝顶，不失为当时的创新之举，自1936年始建直至1948年才建成。

　　南京原国民政府外交部大楼(1935年)、原南京中央医院(1933年)、南京中山陵音乐台、南京原国立美术陈列馆(1936年)、上海大新公司(1934年)等是运用了现代建筑造型加以传统纹饰，并有所创新的20世纪30年代的代表性作品。

　　这种"有形"的搬运、仿效，还未来得及对中国传统建筑的理论作深入的研究，传统的建筑形式与现代功能、技术需要在安排平面布局、施工技术等方面产生了很大的矛盾，这种"以复古为更新、为使命""纯采中国式样，建筑费过昂且不尽实用"的复古建筑毕竟以其不可克服的历史局限性而逐步落后了。

　　随着世界现代建筑的发展，欧洲的摩登主义建筑与现代派建筑在中国表现为所谓的"混合式""实用式"以至"国际式"建筑而出现，中国现代建筑的创作又迈出了新的一步。在商业建筑与其他公共建筑领域，上述建筑形式因为较容易适应现代功能，工程造价较经济，适合时代审美要求等原因，很快地得到发展与推广。如南京新都大戏院(1936年)、上海百乐门舞厅(1933年)、上海大戏院(1932年)、大华大戏院(1935年)、上海大光明电影院(1933年)等。20世纪初期在上海、天津、广州、武汉等城市高层建筑的兴建以上海为最，如上海国际饭店(高24层)是当时国内最高的建筑物，又如上海沙逊大厦(1929年)、上海华懋饭店(1929年)、上海中国银行(1937年)等。世界各国的城市无不以高层建筑的综合性、复杂性、标志性竞相表现各自的特色。

1949—1977 年

经历了十四年抗战及三年国内革命战争，1949 年中华人民共和国成立，百废待兴，为医治战争创伤、恢复城市建设、改善人民生活及居住条件，开始了大量建筑活动（见图 12.8 至图 12.14）。随着第一个五年计划的实施，工业与民用建筑的建设更是在全国各地蓬勃开展。一大批注重功能、经济适用、造型简洁的各种类型的公共建筑相继建成，如北京和平宾馆、北京儿童医院、武汉医学院附属医院、上海浙江第一商业银行、北京西郊的办公建筑群等。从建筑风格上来看，这些建筑主要沿袭了 20 世纪 30 年代以来现代建筑设计的创作思路与手法。还有一些以传统形式为主的建筑，如北京中央民族学院和重庆人民大会堂等。到了 1953 年，以批判结构主义为名，排斥现代建筑设计原则，在"社会主义内容、民族形式"的口号下，加之一边倒的政治形势，并对上述口号无论在理论上还是实践上都处于朦胧不清的情况下，作为一种创作思想辅以行政权力的推行，不仅具有很大的排他性，而且在全国几乎蔚然成风，掀起了对传统古典形式的仿制热潮。这批仿制品大都以"大屋顶"为标签，如北京西郊宾馆、四部一会办公楼、地安门宿舍，有的甚至在洗衣间、厨房、仓库等附属建筑上都采用了"大屋顶"。20 世纪 30 年代第一次仿古建筑高潮，对过高的成本、模仿的形式、凑合的功能有所反思，但还没有进一步对建筑文化价值观上的取向作出应有的评析；20 世纪 50 年代仿古建筑之风重演之后，也仅仅停留在"反浪费"的角度或个人的创作责任方面，缺乏对中国背负的沉重的传统包袱作深层次的发掘与认识。建筑创作中如何对待传统与革新的问题看来是建筑师面临的"永恒"课题之一。在批判"大屋顶"之后，20 世纪 50 年代早期作品中不乏这样一些适当地运用传统构件和装饰纹样加以点缀的实例，成为探索新民族形式的一种尝试，如北京饭店西楼、首都剧场、北京天文馆等。

图 12.8　同济医学院大楼（冯纪忠，1951 年）

此外，一些公共建筑在标准较低、规模不大、造价不高的情况下，建筑师们在探索地方性、提高建筑艺术品位方面仍有不少代表性的作品，如上海虹口公园鲁迅纪念馆、新疆乌鲁木齐剧场、呼和浩特内蒙古博物馆等。一些沿袭国外建筑文化特征的建筑，如哈尔滨工人文化宫、北京展览馆等，则从另一个侧面反映

图 12.9　原华东航空学院教学楼(杨廷宝,1953 年)

图 12.10　北京电报大楼(林乐义,1958 年)

图 12.11　天安门广场(1959 年)

图 12.12　北京人民大会堂(1959 年)

图 12.13　广州宾馆(莫伯治等,1967 年)

图 12.14　毛主席纪念堂(龚德顺等,1977 年)

了 20 世纪 50 年代初建筑风貌的多样性。

20 世纪 50 年代末期,以北京十大建筑为代表的国庆工程,即人民大会堂、中国革命历史博物馆、北京火车站、中国人民革命军事博物馆、华侨大厦(已拆除)、民族文化宫、民族饭店、全国农业展览馆、工人体育场、迎宾馆(钓鱼台国宾馆)等,自 1958 年 9 月起,邀请全国诸多专家在京开展设计创新活动,并相继开工,17 hm² 的人民大会堂在短短十个月内完工。这批建筑无论是施工技术的复杂、建筑形式的丰富多彩,还是对艺术形式的探索,都标志我国建筑事业在总体上达到了一个新的水平。但这些建筑从平面到室内的布局仍沿用传统严格对称的手法,追求体型的严谨与气势。

20 世纪 60 年代,在封闭的大环境下建筑理论与创作基本处于停滞状态。各地建成的少量代表性公共建筑有清华大学主楼、上海虹桥机场候机楼、广西体育馆、北京首都体育馆等。在当时的气氛下也有一些把政治符号变成建筑的庸俗现象。如五角星、红旗、大炮随处可见,以各种纪念性数字作为比例、尺度的依据,把建筑弄到了令人啼笑皆非的地步。

一些以我国国情为基础,借鉴外来及地区特点进行创作的五六十年代的优秀建筑统统被打成了"封、资、修"的典型。理论的冷落与压抑、环境的封闭,导致了从南到北城市面貌特色的渐渐淡薄,建筑格调呈现了"千篇一律"的局面。

20 世纪六七十年代,一些较早开放的地区,出现了一些将外来文化与传统结合的建筑创作,一批外事服务与体育建筑是这一时期的主要成果。

外事服务建筑有北京的友谊商店(1964 年)、国际俱乐部(1972 年)、外交公寓(1971 年)、使馆建筑、杭州机场候机楼(1972 年)、北京饭店东楼(1974 年)等。体育建筑有杭州体育馆(1966 年)、南京五台山体育馆、上海体育馆(徐家汇)等。这批建筑在平面类型、结构选型、细部装饰上均有不同程度的新突破。广州是我国开放较早的口岸,为适应广交会对外贸易的需要,修建了不少高层宾馆及流花湖畔的建筑群、矿泉客舍、交易会大楼等。这些建筑从当地气候、环境出发,结合岭南园林绿化,平面灵活、手法新颖、造型活泼多姿,从而形成了独特的轻、巧、通、透的岭南地区建筑新风格与地方特色,为中国现代建筑的创新之路开辟了新的途径。

在一些风景旅游城市,一批有特色的风景建筑、名人纪念性建筑点缀着山山水水,成为当地优美的人文景观,体现了悠久的历史文化,是旅游观光的好去处,如桂林芦笛岩风景建筑、杭州西湖花港观鱼等。

1979—1999 年

1978 年以后,中国实行改革开放,经济繁荣,政治环境宽松,思想束缚得以解脱,国际国内交流频繁,建筑师面临着前所未有的创作机遇,发挥了极大的创作活力,建筑教育、理论研究、设计竞赛、优秀建筑的评选等为建筑创作提供了后备人才,加速推动着创作的发展进程(见图 12.15 至图 12.23)。

图 12.15　北京香山饭店(贝聿铭,1982 年)

图 12.16　广州白天鹅宾馆(佘峻南、莫伯治,1983 年)

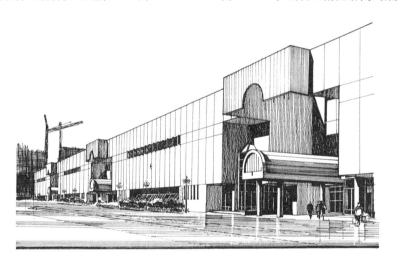

图 12.17　中国国际展览中心 2～5 号馆(柴斐义,1984 年)

图 12.18　深圳南海酒店(陈世民,1986 年)

图 12.19　北京国际饭店(林乐义,1988 年)

图 12.20　深圳华夏艺术中心(张孚佩等,1990 年)

图 12.21　北京西客站(朱嘉禄等,1996 年)

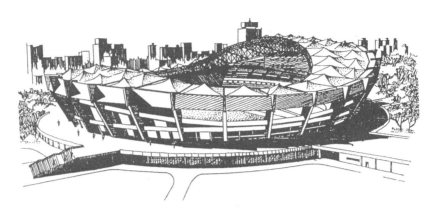

图 12.22　上海体育馆（魏敦山，1997 年）

图 12.23　上海金茂大厦（SOM 设计事务所、上海建筑设计院，1998 年）

此外，回顾多年来我国对古典建筑、传统园林、地方民居等丰富遗产的探索、研究，无论从深度与广度方面都大大地进步了。从形式、风格，继而对传统空间、布局特征以及规律性进行探讨，加之在开放的进程中，对照中西文化的比较研究，建筑师面对多元的传统文化以及同样多元的外来文化，有可能做出多样的选择、调配与组织，输入新思想与重新选择传统是这一过程的两个侧面。因此，就建筑创作构思、理论倾向、建筑评论等方面，围绕传统与创新这一根本问题，着眼于一种新的角度，用一种新的眼光，在现代化与传统的关系上来反观传统、选择传统，既使传统的形式、内容与现代化功能技术相融合，又使传统审美意识富于时代的气质，20 世纪 80 年代的建筑创作正是在这种自我调整的过程中起步的。

一、全面提高，多元并存

20 世纪 80 年代以来，建筑创作的发展，涉及面之广、类型之多、规模之大，在历史上是空前的。不仅在多种公共建筑类型上，而且在城市工业建筑、小区居住建筑中，从低层、多层以至高层、超高层的建筑，在开放的沿海大城市以及内陆中小城镇、少数民族地区，到处都展现了新的面貌、新的风格、新的水平。从多种角度、多种流派来划分中国现代建筑的多种风格，如从传统、环境、地方特色多彩展现的方面，再或是从创作手法的借鉴方面，以及显示现代科技成就方面等，似乎都可以得到一种共识：这是一个多元并存的时代，佳作、精品不胜枚举。

有人将旅馆建筑比喻为建筑创作的报春花，在高层建筑中其以功能的多样、空间组合的丰富、造型的独特个性为城市带来风采，如北京国际饭店、上海宾馆、广州白天鹅宾馆、深圳南海大酒店等。

从功能单一的购物百货商店,发展到集购、逛、饮、娱于一体的大型综合商场,标志着城市经济的繁荣,人民生活水平的提高,如上海的新世纪商场、第一八佰伴商厦,北京的城乡贸易中心、西单商场、新东安市场等,以及在各城市纷纷建起的步行街、商业城等。

科教兴国的战略,极大地推动了我国教育事业的发展,新建和扩建了数量众多的大、中、小学。科研机构、图书馆建筑在20世纪80年代的建筑史上也记下来浓浓的一笔。集中投资、统一规划、统一建成、快速建设的新建高等院校有中国矿业大学、深圳大学、烟台大学等。图书馆设计打破了传统的"借、藏、阅"的分割布局,以"三统一",即同层高、同荷载、同柱网的开放式新手法,使图书馆在功能上、内部空间上,因信息化、网络化而更具灵活性。清华大华图书馆在再次扩建中因融合环境、尊重历史、注重现代功能而获得好评。

新一代的体育建筑、展览建筑、交通建筑融合了高科技的成果,吸收时代最新的信息,在造型上充分体现了时代感,如上海体育场、北京亚运会体育场馆、深圳体育馆,以及北京、哈尔滨等地的滑冰馆,等等。

建筑高度不断延伸,20世纪80年代深圳崛起的国贸大厦以"三天一层"的建设速度和54层160 m的建筑高度雄踞于全国高层建筑之首。在20世纪90年代深圳以68层的地王商业大厦、上海以88层的金茂大厦,竞相攀高,前者作为"亚洲第一摩天大厦",后者作为"世界第三高楼",使我国100年来新开创的现代高层建筑在20世纪后期成为了新的城市标志与景观。

二、立足创新,兼收并蓄

中国建筑界面对国内外建筑理论、创新实践,从现代建筑走过的道路得到借鉴,开拓了思维,丰富了创作手法,在中西方的传统里寻求"有形"与"无形"、"神似"与"形似"、"符号"与"元素",通过"解构"与"重组"、"冲撞"与"融合",并兼收并蓄地体现在20世纪80年代以后的新建筑中,各城市涌现出称之为"新古典主义""新乡土主义""新民族主义""新现代主义"的代表作品,如曲阜阙里宾舍、北京图书馆新馆、陕西历史博物馆等作品。建筑师们以对传统深刻的理解、娴熟的技巧,在特定的历史地段、特定的功能要求、特定的条件下进行创作。正如曲阜阙里宾舍的设计者自己所指出的,在环境等多方面因素的制约下"在建筑形式上与孔府、孔庙协调的关键在屋顶,阙里宾舍的屋顶是保守的……在这个环境中不敢冒失";北京图书馆新馆以高耸入云的书库双塔楼,集多种古典建筑屋顶样式于一体;以及陕西历史博物馆严谨的仿唐的法式做法,都力求传递中国古典建筑文化的底蕴。

20世纪80年代后期,北京在"夺回古都风貌"的口号下,把形形色色的传统的亭、阁设计在高层建筑的屋顶上,在尺度、造型方面的推敲有所欠缺,无助于丰富城市的天际轮廓线。

北京国际展览中心以简洁的平面组合,在造型上对体型和体块进行切、割、加、减,纯化了点、线、面、体要素及其关系,形成强烈的虚实对比,阴影效果给予人们现代建筑的时代感、雕塑感。

杭州黄龙饭店以分散的体量,围绕庭院,组合客房单元,内外空间渗透、层次丰富,具有传统的江南民居韵味。

建筑市场的开放与拓展,一批外资、合资与大型项目吸引了海外著名建筑师参与中国的建设。除北京建国饭店、长城饭店、香山饭店、南京金陵饭店等外,还有其他一些规模巨大、标准较高、设施先进的综合体建筑,如上海商城、北京国际贸易中心等,他们的创作通过对高科技、新材料的运用,赋予了作品时代感。这些合作加强了我国与海外的联系和交流,给予中国建筑师新的启迪。

百年来,香港、澳门在建筑方面也有很大的发展,绚丽多姿的建筑创作成就,随着香港、澳门的回归在祖国的建筑园地中发出更加灿烂的光彩。

三、融合环境、持续发展

20世纪80年代以后建筑创作的另一特点是着眼于地方特色的发掘以及加强自然、人文、景观与城市环境的融合。作品以现代功能、生活为基础,面对不同的自然条件,在完善自身建筑设计的情况下,对环境予以优化,汇合着乡土风情,创造新的地域文化。武夷山庄结合山庄的自然环境、体型、尺度进行处理,以"低、散、土"的布局手法,装点着环境。黄山云谷山庄首先注重保护自然环境,然后通过保石护林、疏溪、导泉,将建筑傍水跨溪,分散合围,使建筑与自然融为一体。

侵华日军南京大屠杀遇难同胞纪念馆的创作构思,从当时的历史背景去思考,从时间、空间中理解事件的发生,用新的创作观念、新的意识去理解事件的发生,用新的创作观念、新的意识去理解和探索一种环境氛围来反映那段悲惨的历史,缅怀先人,教育后代,设计者通过卵石广场、墓塚(纪念馆)、树木、雕塑再现历史的场景,把建筑与环境的融合推向一个新的高度。在新疆、西藏、云南、贵州等少数民族聚居的地区,以当地传统建筑的语汇,运用现代构成手法,注重突出特有的形、体、线的造型与细部,使建筑既具新意,又富民族特色。如新疆迎宾馆、新疆人民会堂、西藏拉萨饭店、云南楚雄州民族博物馆等。一些大型公共建筑在处理建筑与街道、建筑与广场及其他公共空间的关系时,增加建筑与街道中间地带的空间,进行了新手法的创造,如上海商城把众多的人流、车流引向公共内庭,减轻了城市干道的压力,提供了内庭的活动空间。深圳华夏艺术中心、上海第一八佰伴商厦的开放式檐下空间,不仅丰富了城市的街道空间,也是人们休息、交往的活动场所。其他诸如建筑向城市地下、高空的立体发展,建筑与城市公共交通网络的结合,使城市的可持续发展成为建筑创作构思的出发点,如上海、西安的下沉式广场和地下商场,以及建于地下的地铁站,等等。

回顾一百年来中国现代建筑的创作历程,座座建筑无一不折射出政治、经济、文化、生活方面的演进与变化。建筑无疑多角度、多方位地记录了我国一个世纪以来社会的变迁,建筑是历史的见证、文化的显现、"石头的史书"。

本文试图定位于建筑创作这一主线,探寻创作的历史脉络,但未能对更深的层面进行挖掘,更难以概括全面,大量的研究有待于以后深入进行。评析、论点不当之处,请专家、同行、读者批评指正。

(原载于 1999 年第 4 期《南方建筑》)

13. 论轴线
——建筑形态构成研究之一

引言

轴线可以说是建筑形态构成中最常见、最原始、运用最广泛的一种手法。各种建筑构图著作中对轴线都有不少真知灼见及评述,在现代建筑形态学中轴线的手法似乎逐渐淡化,本文试图通过回顾轴线手法的发展,以继续发挥它在建筑形态构成中的作用,使之常用常新,并就以下方面作一探讨。

《辞海》中关于"轴"的条目释义为"作为中心或枢纽"。轴起着支配作用,轴线则是人类建立与创造秩序的一种手段,又是一种极值概念,它将各种复杂的现象、物质、形式……用简洁的词汇加以表述。众所周知,一个完整、不可分割的建筑群体,从广义的范围可以说是空间、景观、各种环境元素组合的群体。轴线往往是一种简洁而又明确的手段,轴线是连接着多点的线条或计划单元,在空间中的两点暗示着它们之间存在着一条无形的连接线,这条连线又可看作是无限长的轴的一部分(一段),而且这两点也可看作是与视觉上的连线相一致的无限长的轴线,从这个意义上说,轴线是组织建筑空间单元体的秩序与方法,它是无形的。

同时,在空间上,轴线是要将一种规律加之于空间,使之起支配作用的,这不仅使空间的形象激起观赏者情绪上的共鸣,而且使他们的活动、注意力与兴趣为轴线的构架所左右,并以强大的向心力使之沿既定的方向成行排列,因而是明确的、一种导向性的序列。因此,轴线是有形的。

轴线又是断断续续、若隐若现的,但轴线不是抽象的假设,它不会在建筑工程竣工后,就消失得无影无踪。轴线作为人类的一种视觉经验,在真正的规则序列中,且并不是纸上的一条线,而是人们所行走的一条路线,是指示人们自然观赏的一个定向。

总之,轴线是人类对于秩序归纳出的一个范例,它代表着在大自然那里找不到的规则性与精确性,却在人类寻求与创造的秩序中可以找到。

一、轴线与对称性

人的视线组合成圆锥体视域,其端点包括锥点——人眼,以及锥底形心——被注视物,两者间所存在着的一条轴线,可称作视轴。在规划与建筑布局中,基本上有两种轴线,即几何轴线与视感轴线。当视轴与纵轴重合,即沿纵轴方向组织院落的群体空间,若干主要建筑在纵轴上布置,两侧对称设置次要建筑,其进路与纵轴相垂直,这样群体的纵向轴线就得到了强化。

这种直线趋近由于人的视线与路线重合的特性,使人的行动与视觉活动同向产生,因而对于景与建筑的终端则易于确定;如果趋近点是建筑,趋近线与对称式建筑的中轴线重合,从而加强了建筑的对称性,沿这种对称轴线形成的群体是比较严肃、端庄而凝重的,同时又存在一种强的终端或高潮,这种直线趋近方式是古典建筑群安排高潮之前的进路的普遍手法,它可营造出纪念性与庄重感。

这种直线趋近方式,于建筑群体本身却是一种制约,而于这种制约之中不仅见出秩序而且显示变化,它旨在展现"壮丽"的前景、高潮,展现一座建筑物或其他什么。

这种对称性与轴线的关系,不管是从广义还是从狭义上规范其含义,总是一种"多少世代以来人们试图用以领悟和创造秩序、美和完善性的概念"。

对称性的美学价值是否依赖于它的生命价值?它的根源是什么?魏尔写道:"数学观念是两者共同的根源,制约着大自然的数学规律是自然界中对称性的根源,而创造性艺术家心灵中对数学观念的直观领会则是艺术中对称性的根源。"艺术中人体外形的左右对称性这个事实是一种附加的刺激因素。

对称的布局自然产生明确的中轴,强烈的轴线力量表现了人类超越自然,并且使人降到从属的地位,依附于地势、空间的观念,它显示了权威、纪律、古典性与纪念性,显示了宗教的、帝王的、军事的意志和理念,它与一定的观念、文化形态相联系,对称和中轴线的手法作为一种设计思想,深深地根植于传统的意念,反映着社会意识和技术组织的统一。

中国古代建国、设都进行所谓的"惟王建国,辨方正位……",正位,就是正天子之尊位,正礼制之次序,以达到礼治的目的。表现在城市规划上,即择天下之中而立国,择国之中而立宫,正是利用中轴线来充分表达择中思想,南北中轴往往成为全城的主轴,各主要建筑物都依次排列在这条中轴线上。

中国传统的院落布局,在明显的中轴线上展示出一些阻隔主要轴线的次要高潮,然后围绕这些高潮布置通道,接着又重新回到主要轴线上,一次又一次的循序显示一个又一个新的而且更重要的高潮。在二进、三进等多进的院落布局中,有时在主要高潮之后,还有一些布置相似但相对不重要的院落,这种布置方法虽然极其规则和整齐,但它带来的视觉感受则是极其丰富而精彩纷呈的。这种对称明确的中轴线布局手法在视觉上、观念上的阻隔与破缺,是我国传统群体布局的重要特征,它打破了纯粹渐强式的序列高潮,也打破了过于封闭的、一览无余的、直觉的、直线的趋近式手法。人们在实际进程被中断时,却又被暗示前面存在着空间的另一种序列,这种序列是另一个高潮的视觉需要,也使人心理上产生一种期待感。

如果在明确的中轴线布局中,组织建筑群横向展开,或是横向轴线加强分割主轴,虽然因对称而形成构图中心,但主轴地位必然会因受到一定的冲击而有所减弱。

天安门广场的改造手法之一,正是采用上述方法达到的。其一,作为广场两翼的东西长安街被拓宽,形成了一条横贯全城、直达东西郊外的横轴线,轴线两侧建筑由低到高逐次展开,从而抵消了过去纵贯南北在全城布局上起统帅作用的长达 8 km 的中轴线;其二,天安门前原东西两侧宫墙之下的通檐连脊的千步廊被拆除,在扩展的基地上,矗立着作为国家最高权力中心的人民大会堂和显示中华民族伟大创造的中国革命历史博物馆,广场中央屹立着人民英雄纪念碑与毛主席纪念堂等,这一切相应地把封建时代雄踞于全城之上的紫禁城推到了广场"后院"的次要位置,而紫禁城的原有建筑群体仍完整地显示了原有的风貌。

随着广场的开拓、横向轴线的加强、序列的减弱以及空间层次的对比,人们在领略故宫建筑群的庄严、雄伟的同时,那些心理上的压迫感、咄咄逼人的气势也跟着封建王朝的崩溃而一去不复返了。美国华盛顿市是欧美第一个专门作为首都而规划建设的城市,以白宫及国会大厦作为几何网格上的 2 个点向四方作放射状道路,并由此 2 点向西南向作相互垂直的 2 条中轴线,构成了延续至今的城市中心的基本骨骼,由白宫向南的轴线端点布置了托马斯·杰斐逊纪念堂,国会山向西的轴线端点布置了林肯纪念堂,而在 2 根轴线的交叉点上布置了华盛顿纪念碑。在同一个城市的复杂计划中,轴线一旦形成并设置,且建立相对的框架关系,它就会变得非常显著,十分协调与突出,通过轴线的结构,又使它获得了意义。

当基地设计条件方向分歧、变化多样时,如能巧妙地运用轴线,使它融合于一个单纯而又易解的计划中,那么轴线,抑或是纵向交叉的轴线,也必将起着设计中骨干因素的支配作用。但现代城市结构、功能、空间、交通以及所依据的地理、自然条件复杂且富有差异性,如果不依具体环境,把轴线的平行、垂直、放射交织当成城市几何形式的固定模式,那么就变成了赛维所指的"城市专制主义"的体现。一部城市发展史是几何形式与自由形式的冲突史。

当一个或一组形体从周围高高竖起,或在所围合的空间被向上的运动所支撑与加强着,那么一条较抽象的垂直轴线就被显示或暗示。颐和园前山前湖景区运用突出重点、烘云托月的手法,布置了一组体量大而形象丰富的中央建筑群,从湖岸牌楼到排云殿、佛香阁,其以华丽殿堂、台阁和空间序列构成了一条贯穿前山上下的中轴线,这里的台阶、斜坡、平台、廊殿都成为空间垂直轴线的一部分,它的主要方向,不是往内引,而是向上引,它以鲜明的视觉性格,显示出这一组群构架着对空间的一种制约力量,主宰了与周围景观之间的关系以及强烈的场所特征。

二、轴线与非对称性

现代建筑为适应功能的多样、复杂,以及类型的发展,普遍地采用了非对称的设计手法。布鲁诺·赛维在《现代建筑语言》中把对称性与非对称性作为古典主义与现代建筑语言的一个分水岭,把摆脱对称性迷信看作掌握现代建筑语言的重要一步。非对称性冲破了 19 世纪的折中主义,似乎是一种彻底革命,但就其追求的视觉均衡与视觉活动而言,在根本上只是历史发展的必然。轴线与非对称性的关系体现在轴线的导向及其对视觉中心的均衡作用,在人们活动的自然流线运行过程中,这个均衡中心具有了吸引力,轴线就成了必然的路径。

非对称性与轴线的关系,通常表现在体现方向、方位、主要观念或主题的地方,它可以通过顺应路径、转折、呼应、交错来营造,是与相邻建筑、环境协调的一种手段。

开文·林奇把路径定义为"观赏者习惯地、偶然地或者可能沿之移动的通道"。诺伯格"加上一个理想的移动",并指出:"轴线组织并不是为了实际的活动,而是一种象征性的方向,以将元素中的部分单一化,并且时常把元素群联系成更大的整体。"因而,路径和轴线便无甚差别了。

总之,在建筑创作中运用轴线的对称与非对称手法,并无孰高孰低之分,如果我们从视觉、心理、社会、环境、文化、审美(传统与现代)等方面多角度、多方位地去分析、理解、把握"轴线"的实质,那么在建立城市的、群体的空间秩序中必将迈出一大步。

(原载于 1999 年第 5 期《郑州工业大学学报》)

14. 城市公共空间的开发

以街道、建筑、广场为主所构筑起来的城市空间,被一个个的点(节点)、线(路径)、面(场所)所限定,且交织着方格网式的平行线之间的沿街立面以及建筑群体所围合的城市空间。随着城市化进程的加速,用地的扩大,建筑层数的增加,道路的延伸、加宽,而机动车辆、自行车更加拥塞着街道,侵占着人行道,极大地制约着人们在城市空间活动的自由度。

一方面,城市规划停留在宏观方面,一些下达的设计要点,局限于圈地皮、划红线、标高度、定密度;另一方面,建筑的"自我表现",无视自身在城市中扮演的角色。东搬西抄、争奇斗艳,每一个"自我"漂亮的建筑外貌以偶然发生的视觉组合的街景,分隔着它与周围左邻右舍的联系,忽视了建筑的群体性。

回顾一些发达国家的城市建设,20世纪五六十年代城市"爆炸性"发展阶段中的不足表现在几个方面,如在城市建设方面选址的随意性、环境结构的松散性以及建筑与城市结构中的公共空间的不协调性,等等。

随后基于经济的发展,人们对城市环保意识的加强以及政府对城市新旧区域改造开发采取的政策措施,促使了城市向外拓展,新的商业服务、居住区的出现,在改善城市交通设施与系统的同时,也推动了城市中心区的复苏和城市步行系统的开辟,重视与发掘了原有城市中心的价值,增添了城市新的活力,延续了城市文化,塑造了新的城市形象。这是在重视人的行为心理要求的规划设计思想指导下,不断开发现代化城市公共空间并赋予新的设计手法、新的内容的结果。

为吸取发达国家所经历的城市发展过程中的经验、教训,处理好建筑与街道、广场等公共空间的关系,开发现代化城市公共活动空间将是城市现代化进程的重要课题之一。本文就以下几个问题对城市公共空间的开发作一些探讨。

一、确立以"人"为主的城市公共空间设计原则

改革开放以来,人们生活水平的提高,全民体育活动的开展,生活方式的改变,休闲时间的增加,人与社会之间的活动、交往、参与越来越多,人们的行为方式、心理需求的多样促使城市公共空间进入了多功能、多层次的发展方向,如商场的功能从单纯的购物功能,已转向购、逛、娱、饮的综合性功能,又如丰富多彩的节庆活动、旅游观光以及城市广场文化的兴起,等等。

为创造与建设卫生、安全、舒适、高效、具有个性的城市环境,适应不同性别、年龄以及残障人士的各种行为方式,使人们在各项活动中从生理上、心理上得以松弛、闲适而获得情趣,使人际关系得以和谐、亲密。这样,对于人们来说,无论是度假、旅游等一次性的逗留,或是经常性的光顾,城市公共空间都能带给人们对意象、环境的直接感觉与反应,从而使人们潜移默化地对居住的城市产生一种深深的眷恋、归属感、认同感与自豪感。城市商业步行道、步行街区的开辟,不仅使人们领略到步行的乐趣,有一种安全感,

而且在观赏街道景观风光、参与各项活动中,获得难以忘怀的印象。

二、完善建筑与城市公共空间的关系

建筑的"功能、技术、环境"三要素,虽然在专业人员中得到了普遍的认同,但就具体创作而言,在建筑与城市公共空间关系方面,建筑创作依然故我的现象比比皆是,它表现在建筑仅仅是设计建造大楼,而忘却了建造大楼的同时也在建造城市这一普遍的观念。这里涉及规划、设计、甲方等方面的因素以及观念上的更新,还可以说没有充分认识到"城市设计一个值得注意的方面是增加建筑与街道中间地带的空间"。

以一些高层建筑为例,在底层架空的处理上,使街道空间在视觉上得以延伸,扩大了视野,改善了空间比例,为行人提供遮阳避雨的场所,改善了街道的封闭感与高层建筑的压迫感。纽约派克大街上1952年建成的利华大厦,作为世界上第一幢玻璃幕墙摩天大楼其独特的造型以及开敞的两层裙房底层架空的柱廊,使街道空间与内院环境相融合,微妙地使大厦融入城市之中,被公认为"具有深远意义",加入历史性建筑的行列。

东京福冈银行、深圳艺术中心,以及上海第一八佰伴商厦的檐下公共空间,均脱胎于传统住宅的中檐廊空间,这种典型的"灰空间"既不分裂内外,又不独立于内外,而是内和外的一个媒介结合区域。

香港汇丰银行新楼是一幢没有大门的建筑,以开放的公共大厅双向通向城市街道的布置,加强了城市空间的连续性,提供了另一种都市公共空间形态。这种融合与平衡空间内外二元对比的第三种空间又有所谓的"中介空间""模糊空间""渗透空间"之称,其城市内部化的街道空间带着强烈的个性化倾向,能满足市民对多种功能、多样活动的需要,公众的交往、参与提高了这种空间存在的价值,被誉为对城市的一种"奉献"。

此外,檐下公共空间也较好地解决了由于建筑类型及规模向复合化、集合化、巨型化方向发展,所导致的综合性、大规模的建筑与城市空间之间的诸多矛盾。

从街面层的步行街、步行街区、公共空间,到下沉式广场、地下步行街,以及空中走廊、楼层面的平台花园等,城市逐步走向立体化的空间结构。城市设计中创造出多种手法,丰富了现代城市公共空间的类型,而且后来通过规划法规明确规定高层建筑在底层开辟公共空间可得到容积率、层数上的补偿。不然,这种方案也难以得到实施。

美国明尼苏达州尼古莱大街是第一条现代化意义上的步行街,继而在各国城市中陆续出现了地下步行街以及空中步行街,经历着从平面向立体(空间)的发展,构成了城市新的风格,这种风格的形成以城市公共交通设施的现代化为前提。如悉尼市以地下铁路、公共汽车、架空轻轨、有轨电车构成了高效、快速、舒适、安全的公共服务体系,不仅大大地缓和了城市交通压力,特别是市中心的交通矛盾,更重要的是为城市商业中心的繁荣、发展旅游事业、开辟步行道创造了条件。

在建筑群体布局方面,改变了群体围合的空间,不再面向主要干道而是转向内部道路或内向的公共空间,这样既摆脱了建筑物及公共空间与主要干道相交造成的无数交叉口,又避免了人流、车流、货流混杂的局面。这种内向空间体系为人们创造了安全、多方位的观赏视点,以及多功能的活动场所。建筑物也不再是连续的一个个立面,而是不同体量所围合的空间,更利于体现各自的特色。

各国众多的著名现代城市公共空间,既是优美建筑的集合,又以其特有的公共空间魅力而闻名于世。

美国纽约市 IBM 大楼街面层一侧的公共大厅,在洒满阳光、竹林绿荫的玻璃顶棚覆盖下,品茗小憩,成为在高层混凝土密林丛中接近自然、回归自然的好去处。纽约洛克菲勒中心下沉式广场、日本横滨标志塔建筑群中的下沉式广场,以及加拿大蒙特利尔市的圣乔治大街尽端的平台层城市公共空间等无不成为这些城市的标志性公共空间。

美国波士顿的柯布莱广场原有三座建筑围合,即波士顿公共图书馆、三一教堂和希来顿广场旅馆,直至 1975 年汉考克大厦(高 60 层)这座全玻璃幕墙的建筑以平行四边形及楔形的形体成为了广场的一隅,幕墙的镜面反映了周围的建筑,既能够协调新老建筑,又为广场起到了标志性作用。

现代城市公共空间的开发必将把过去囿于建筑、街道、广场等游离的局面从狭隘的观念中拓展开去,必将充实与完善街道设计原则与城市美学原则。

我国一些城市的广场空间也逐步开辟地下步行街,下沉式商业广场与城市公共交通、地下铁路连成网络,如上海人民广场、西安鼓楼广场、郑州车站广场等地下商业街,为开发现代城市公共空间提供了先例。

三、注入新的不同层次的社会、文化的功能,创造有个性形象的城市公共空间,为社会主义两个文明建设服务

分析不同城市公共空间中活动的方式、特点,如休息、商业、节庆、交通、观光等,以及所处的不同地段,如自然条件——靠山、近坡、临海、沿江,历史文化地段——文态环境(重点文物保护单位的环境及历史保护区,这样城市公共空间的开发将有助于自然生态环境和人文环境的保护),同时,在延续城市文化的进程中,开发与注入新的功能、景观,适应时代的需要。归纳起来,现代化城市公共空间应具备以下几个特征。

(1)捷达性

快速、便捷、通畅的交通,多种到达步行街区等公共空间以及这些地段边界范围的交通方式,是发挥城市公共空间聚合效应的主要因素。

(2)开放性

开放才能使市民得以参与、开展多项文化、体育、休闲活动,参与才能赋予公共空间生命,才能使公共空间得以延续。开放不等于一览无余,应考虑不同功能、使用者的环境行为与不同年龄层的活动,使划分了主次、聚散、层次的不同空间与序幕、转换、衔接、展开、高潮等阶段建立起自身特有的秩序感。因此,城市空间也可比作城市乐章中的华彩乐段,无论是“硬件”的建设,还是“软件”的配置,都必须立足于“开放”这一特定要求。

(3)观瞻性

组织空间中各种界面及硬件的空间造型,注意公共空间的视觉品质,结合静观、动观等不同观赏方式以及视点、视距的选择与安排,使人们体味场所的特性与意义。

上海外滩沿江观光步行带的规划设计通过纪念性、标志性、历史性景点的综合安排,以丰富的人文景观、新老建筑群的相互映照,构成了既具有时代特征,又包含丰富文化内涵的风景线。

北京天安门广场以宏伟的人民大会堂与中国革命历史博物馆、人民英雄纪念碑、毛主席纪念堂构筑的城市公共空间,漫步的人流如繁星点点,这种辽阔、浩荡的非凡气势除非亲临,否则难以言述。加之清

晨的升旗仪式,人们来这儿不是为了朝拜,而是在期待、瞻仰、升空的过程中,那种激动人心的时刻能够激活思想,给人以无尽的精神滋养。

原来政治性群众集会的广场现在被赋予多种文化的功能和内涵,使公共空间的"审美"与"象征"得以体现,意义得以更深刻地表达。

城市公共空间可以是一首散文诗,也可以是一部鸿篇巨制,在表达城市设计的思考时,必须充分认识到在物质丰盈的今天,人们对精神的向往与追求。城市公共空间应该是众多智慧的高度集合,以及历史与现实巨大能量的释放场所,只有这样才有可能获得生命与生命的对话及交流,这才是社会本质的交流。

一位作家写道:"现代人追求生活的质量(我想应包括空间质量)是以灵魂的充实作为前提的基点相交。这样理性的思考与感情的体验,两者所融合创造的空间之舟,将负载着思想的重量。"如此,才能把城市公共空间推向一流。

(原载于 1998 年第 2 期《南方建筑》)

15. 建筑文化的延续

人的一生中总有两样东西是不会忘记的,就是母亲的面孔和城市的面貌。

——纳乔姆·希克曼(土)

20 世纪 80 年代以来,文化热带来对建筑文化的研究,建筑文化的多角度、多方位研究取得了较大的进展,建筑文化的研究不仅在很多方面取得了共识,而且有了不少研究成果,如建筑文化研究的对象、传统建筑文化的源与流、中西建筑文化比较,等等。但整体研究方面必然还留下一些空白,可作进一步的探讨。本文主要讨论如何对城市建筑文化的延续进行研究,以祈在专业与社会各方面引起重视,使城市建筑文化得以弘扬与延续。

优秀的建筑(传统的与现代的)是一个城市或地区文化的结晶、瑰宝与珍品,也往往是该地区历史特点的见证,对生命足迹起着标志作用。

随着世界各国对建筑文化的重视,为保存原有城市风貌,我国各省市也相继对优秀的近代建筑进行保护、宣传、评价,以及制定相应的政策性法规,还开展了对近代建筑的调研与相关专著的出版工作,提供了大量的例证。这样旧建筑不但在保护性开发中得到利用,而且因赋予城市更多的活力而得以延续。

1949 年以来大规模的经济建设,特别是改革开放以后,城市建筑的发展突飞猛进,旧建筑、旧街区被成片成批改造、大量拆迁,都来不及对各地段的建筑进行评估,失去了不少各个历史时期的代表性建筑及环境。许多城市似乎都呈现着"崭新"的面貌。

近年来多次出国的经历,使我对国外城市关于旧建筑的保护利用所作规划、设计、管理等方面工作的经验作了一些考察,现就一些心得作一剖析。

美国诸多"废旧"建筑(如港口仓库、车站)的改造,既对城市的重要地段复兴起到了良好的作用,又取得了一定的经济效果与社会效益。例如,圣路易市联合车站改造为大型购物中心,以及美国内布拉斯加州立大学的建筑学院将两幢历史性建筑在不改变外观的情况下,对内部加以改造,联结成一幢新型的教学楼,新建门厅的两侧原立面转化为室内的墙面,在新旧处理的对比中获得空间的美。

古老的大陆、年轻的国家澳大利亚虽然建国仅 200 余年,但一些城市对旧建筑的维修、保护、修整所采取的种种手段,充分体现了对保护城市历史风貌、提高市民的文化意识所做的大量工作。

悉尼市的 52 层高层住宅"世纪塔"的基座部分,保留了两侧转角的旧建筑外墙片段,新建筑的设计考虑了两者在尺度、细部上的协调,使街区在接近人的视线范围内,承续了建筑历史文脉。

建于 1909 年的悉尼唐人街附近的蔬菜市场,保留了周边外观,用"抽心"的办法建起了 4 层大型市场与高层住宅,底层裙房上层部分采用一些现代材料与设计手法,仍不失较好的整体感。外部的红砖清水墙面具有古朴而清新的风貌。悉尼市 1997 年新建成的摩尔公园花园小区(Moore Park Gardens),不仅在整体布局中注意了对旧建筑的保留与利用,而且新建的多种高、低层住宅在外观材料的色彩处理上,做到风格的统一;小区内部地下停车场、公共体育休闲中心、购物市场、大面积的庭园绿化等,组成既有传统韵味又有时代感的现代生活小区。

丹下健三设计的墨尔本市墨尔本中心,在高 65 m 的巨大圆锥形玻璃中庭下完整地保留了 19 世纪的红砖砌筑的制弹塔,体现了"历史与现实"的共生。

笔者在澳大利亚多处见到这种以片段、局部的外墙造型对整体外观的保留手法以及对旧建筑改造利用的做法,这一年轻国家对城市建筑文化方面的高度尊重与保护给人们留下深刻的印象。

日本卓有成效地对传统的历史性建筑进行了保护,但 20 世纪 60 年代日本进入经济成长时期,在城市现代化进程中,一座座有价值的建筑消失了,人们逐步认识到"建筑是文化"一部分的时候,采取了多种手段与方法,使重要的建筑得以保留下来。第一个把整个立面都保存下来的是京都的中京邮局大楼(1902年建成)。具体做法是在原有砖墙之后打一道钢筋混凝土墙,两者用螺栓和树脂紧紧连在一起,下部则做连续的桩基。日本火灾保险公司横滨大厦(1977 年建成)以保留正立面三层、侧立面一层的方案而得以重建。

纵观以上各国各地对历史性建筑地区、环境的保护和保留,经历着一个由认识、宣传、群众参与、技术咨询、政府制定法令和法规等一系列的活动、措施才得以充分实施,而对旧区、旧建筑的保护和保留,政府的法令和法规是实施的根本保证,广大的专业工作者与群众的共识和参与是实施的关键。

值得庆幸的是我国一些城市和地区的历史性、标志性的优秀建筑也得到了不同程度的重视与保护。

——上海市金陵东路外滩为开辟黄浦江岸的沿江观光带而把气象台塔整体移了十几米的位置,留下可贵的历史记忆;

——香港早期九龙车站的钟塔屹立在尖沙咀的原址上,融合在现代化的文化建筑群中,这无疑为香港城市历史留下了可贵的一笔;

——哈尔滨市著名的圣·索菲亚教堂拆除了有碍整体环境的一些周围建筑,以尽可能地开发原有城市的历史景点,不仅增强了城市特色,而且丰富了旅游资源,是一举数得的举措;

——洛阳市在 20 世纪 80 年代修订总体规划时对 20 世纪 50 年代涧西区的周边式街坊采取了保护性措施。

当笔者看到郑州市车站广场被高层建筑重重包围,20 世纪 50 年代的车站建筑已经荡然无存的时候,想采取一些相应的措施已为时晚矣。我们只能从历史的相册中得到"记录保存"了。

日本著名建筑史学家村松贞次郎指出:建筑是历史最为有力、最为雄辩的见证。它比诸如文学、音乐、绘画、雕刻等文化遗产更能反映那个时代人们的精神和科学技术成果。

当城市在发生日新月异的变化,城市环境、城市风貌不断更新的时候,城市建筑文化的延续问题益发成为摆在建筑师与建筑史学家面前的大课题。让我们以创造性的工作去追求我国成千上万城镇的城市特色,使中华大地上颗颗明珠更加明丽夺目。

(原载于 1997 年第 5 期《中外建筑》)

16. 城市文化初探

随着社会主义市场经济的逐步完善,城市规模的扩大,城市化进程的加速,城市人口的剧增,第三产业比例的提高,等等;加之,城市中人们休闲时间的增多,老龄化问题的出现,人民生活由"温饱型"向"小康型"的过渡,社会上一种"风"的骤起,一种热"浪"的涌现,诸如城市的"节庆热""建仿古景点热""广告热""消费热""装修热"……这些现象无不与城市文化相关联。

城市文化作为一个大系统,可以说是包容了一切"不是文化"的、都是文化的、可见的、不可见的东西,一些报纸杂志上谈到的种种城市文化有建筑文化、广场文化、店面文化、城雕文化、街道文化、校园文化、家居文化、社区文化、广告文化、庭院文化、旅游文化、休闲文化、小品文化、服装文化、饮食文化……这些文化从形态上可以说相当一部分与建筑学、城市规划、城市管理有着直接或间接的联系,相互映照。从另一方面来看,都市文化反映了都市人的生活与工作、追求与向往,它又是社会主义精神文明建设的一个大课题。

每一社会文化结构三个层次的核心内容,即文化是"成套的行为系统的构成",从这个意义上说,城市文化作为一定社会生产的物质的、精神的产品,既凝聚着社会的价值观念,又体现了一定社会的价值、道德、思想……而"文化之魂"——一定的价值观念也无不指导着人们的行为规范。

因此,城市文化的研究,试图从当前城市的种种文化现象出发,从多角度去开掘发展城市文化的内涵,新时期条件下所创造的新城市文化,引导人们建立起社会主义精神文明的行为规范。

城市以对它所处的自然地理环境、人文、历史的延续,形成了各自的特色。遍布于我国大地的著名城镇,使人们必然会联想起那些建筑、街道、广场、人文、历史的景观。"五千年中国看西安,一千年中国看北京,一百年中国看上海"成了人们了解历史、寻访遗迹、仰慕今天的凭证。

20世纪50年代北京天安门广场及周围建筑群的兴建,在旧城中轴布局下,以横向展开的建筑群组合以及东西长安街的拓宽,"使过去纵贯南北的主轴受到了冲击而有所减弱,把封建时代雄踞于全城之上的紫禁城也就相应地推到了广场'后院'的次要位置,而紫禁城的原有建筑群仍完整地显示了原有的风貌"。天安门广场成了政治、文化、节庆的中心,亿万人民心目中国家的象征、向往的地方。

近年来,清晨在天安门广场上举行升旗仪式,国旗在仪仗队的护卫下,伴随着国歌冉冉升起,成为天安门广场新的文化景观,天安门广场成为进行爱国主义、社会主义教育的场所。

20世纪90年代以来,上海黄浦江畔新建的宽阔沿江观光带(步行道与绿化带)上矗立着的解放纪念碑、陈毅雕像与隔江的东方明珠塔遥遥相望;融入了建筑博览、历史纪念馆、广场音乐会等多种活动,发掘了历史文化资源,赋予了外滩新的形象。

在具有历史意义、人文氛围的地点注入多种新的功能,并协调自然环境,同时把社会生活组织列入城市空间塑造的内容中去,这将为城市设计提供新的实践模式,为城市广场文化掀开新的篇章。

"二七大罢工"的发源地——郑州二七广场在探讨广场性质,即纪念性、交通性、商业性孰主孰次的时候,汹涌的商品经济大潮涌来,几座大型市场似乎在一夜之间包围了二七纪念塔,加之周围建筑面貌的日新月异,铺天盖地的广告,人流车流嘈杂、拥挤,广场的纪念性也随之消失了,历史的延续似乎被中断了,重塑二七广场形象成了当前规划设计的重要问题之一。

20世纪80年代以来,我国的建筑创作进入了多元多向的时代。选择与复合的自由度加大,风格的多样与宽容,在对传统与外来文化的吸收、碰撞与交融中,大批优秀的城市建筑出现,这标志着我国建筑文化呈现出多彩的局面。由于建筑理论上的滞后,建筑评论的开展不够,地区创作观念上存在差异,发展不平衡,高水平的建筑创作在数量上、质量上还远远没有与我国城市发展和建筑覆盖面的扩大相适应。

随着大量的拆迁,还来不及对各个历史阶段的建筑作出评估,相应的立法措施、管理细则更没有跟上,因此,新建筑与旧建筑的改头换面,例如玻璃镜面、不锈钢柱的装饰,令人眩目。失却的是各个时代的代表性建筑,它犹如人们失却了记忆一样。

一些中小城镇中,道路加宽了,建筑增高了,商店林立,但不同城市的景观面貌雷同了。

与此同时,不少城镇的仿古、仿洋建筑的兴建,唐城、宋街、霸王城、唐僧故里,以及仿西洋的城堡、逍遥宫、游乐园……当这股"热"稍稍冷下来的时候,笔者思考这一文化现象,它不仅耗费了大量的资金与材料,而且有的只是为了一时旅游休闲的需要,有的更是品位低下、形象丑陋。

历史与文化是人们感受城市特定价值与反映城市个性的重要内容,但"世界上没有哪一个国家、哪一个城市以仿古建筑作为自己特色的"。对待历史文物建筑,"旧的要保住,旧则自旧",使其"延年益寿",切莫"返老还童",这已经成为广大建筑规划工作者的共识,还应通过各种传媒加以宣传,使之成为每一个城市居民的自觉意识。

20世纪80年代掀起了城市雕塑热,这些被誉为城市音符的户外雕塑点缀了城市的入口、广场、景点与社区。不同地点,材料、制作工艺、尺度以及构思和创作风格上不同的城市雕塑为加强城市场所的识别性,衬托城市主题,加强城市文化形象起到了重要作用,成为城市景观一个重要的组织部分。规划、建筑、雕塑三方工作者的密切配合和协作,提高了城市雕塑品位,出现了不少精品之作。

郑州市立交桥下的抽象石雕,以巨大的尺度与力度感,在绿化衬托下,这些现代雕塑简洁的轮廓、流畅的线条已被广大市民所接纳。而在河南某县城郊空荡荡的一片麦地上,耸立的一座高20 m左右的以白猫与黑猫为主题的雕塑,把原本的意义庸俗化了,这一做法真使人啼笑皆非。

现代步行街、商业街、商业城的兴起,标志着我国市场繁荣、商品丰富、经贸发展,并为城市建设增添了新的光彩。人们把城市中的商业街比作乐章的华彩乐段也不为过。商业街(城)把商业贸易、展览、文化、娱乐、社会交往等多种功能综合发挥,使人们购、逛、娱、饮的活动一体化,成为人们休闲、旅游的好去处。我国一些城市对旧商业街道进行扩建、改造,使之成为不怕晒、不怕淋的全天候购物天堂。一些商业街道、商场的广告用语,既丰富了城市内涵,又为商贸活动起到了推动作用,如上海南京路"中华商业第一街,独领风骚数十年","星期日到哪里去,郑州亚细亚"……

"新、精、名、特、优"的商品、高雅的购物环境是现代商场所追求的一个目标。在商品经济大潮下,一些商业街从商店的店名到店面装修,无不渗透着多种多样的文化气息,店面争奇斗艳、店名光怪陆离,难免鱼龙混杂、良莠并存,那些带有封建、殖民主义色彩的店名,粗制滥造的西洋柱式,裸男裸女的雕塑装扮着店面,充斥着街市。此外,五光十色的广告侵入了城市,甚至扩散到了各个角落,《广告法》的执行力还缺乏一定的强度,加剧了城市视觉的污染。这些无不引起了人们以及有关部门的关注,通过舆论及行政的引导,清理品位低下、引人误解和反感的店名牌匾,促使不少地区商业街树立了良好的文化氛围,为加强时代气息迈出了一步。

居住建筑是城市建筑中比重最大的部分,随着国家"安居工程"计划的实施,城市地产爆发开发热,大量新型居住小区的建设,使广大人民进入了"安居乐业"的时代。"安得广厦千万间,大庇天下寒士俱欢颜"的理想将逐步实现,小区环境绿化得到了重视,社区文化活动中心的建立,辅以相应的物业管理措施,无不为社区文化打下了良好基础。

对老、中、青、儿童等不同年龄,不同职业,有不同生活方式的人群的社区户外行为、社区文化活动的结构研究,为小区邻里交往环境设计提供了理论基础。

我国居住建筑布局的产生、变化,从穴居、四合院、里弄住宅,到中华人民共和国成立初期的周边式街坊布局等,这一缓慢的进程说明,随着社会结构、文化价值观念的变化,城市住宅无不折射出一种特定的文化模式,且具一定的连续性。这种连续性受多种因素影响,虽不可能像技术那样迅速去进行调整,但在一些具有历史传统的城镇,保护(规模)、开发(程度)往往是极其敏感的问题。

在创造一种新的生活方式与社群文化时,地域性与场所归属感的研究,就越发摆到了规划与建筑工作者的面前。

以上所分析的城市文化的多种形态,涉及城市物质空间、社会经济结构与发展,而其他如民俗、民风及民众心理、素质对城市文化的影响,通过它们的外在表现,破译它们深层的文化内涵是远远不够的。本文只是希望通过多种局部分析,逐步汇聚成一种整体性的理解与共识。

①寻求城市文化与城市规划、建筑学等相关学科的结合点,使发展中的城市所独有的自然景观、人文景观、城市风貌、社会民俗活动等所各具的特色得以延续,使城市优秀文化传统得以宣传与弘扬。

②在城市急速发展过程中,处理好新、旧城区的关系,在城市主要地段注入多种新的功能,提供给人们新的公共活动空间,能够赋予场所现代化的意义,开拓与创新城市文化,提高城市文化品位。

③随着改革开放,通过物质流、信息流、人才流三种载体,在带来外来文化信息的同时,还将对民族、地区的文化进行撞击。所以在保持固有的民族的、地区的文化特质基础上,不应使其在世界历史急剧发展的进程中失去"自我",关键是使其在适应环境中获得升华。

(原载于 1996 年第 4 期《中州建筑》)

17. 室内设计的误区

改革开放带来了建筑创作室内设计的空前繁荣,它从旅游业、商业服务业开始,继而带动了千家万户的室内装修设计。一门新兴的行业自 20 世纪 80 年代以来犹如雨后春笋般地蓬勃发展起来。据统计,郑州市几年来已有 300 余家大小、规模不等的装修企业,加之外省的,以至港澳等地的也陆续参加到竞争激烈的室内装修行业中来。

这支来势汹涌、规模庞大的室内及装修设计、施工队伍难免出现鱼龙混杂、水平参差不齐的现象;审美情趣的差异,迎合"潮流"……使装修风格杂陈,奢侈与简朴、简约与繁杂、典雅与庸俗并存,更由于室内及装修设计队伍理论上、素质上的不足,行业内施工队伍的凑合,以及拜金主义思潮的影响,反映在室内及装修设计中表现为任务、性质等观念上的模糊。目的与方法在认识上的错误,必然导致了以下种种误区。

一、误区之一

无视建筑室内的基础条件,撇开建筑的使用功能要求,孤立地一个面一个面地进行材料的堆砌、拼凑,杂乱无序,缺乏在特定的空间关系中对过渡、分隔、渗透作整体的思考。例如,把办公室装饰得像餐厅、卡拉 OK 厅,采用软包墙面、彩玻天棚,满挂豪华壁灯,等等;有的医院门厅采用水晶吊灯和光滑的花色地砖,真是五光十色,令人眼花缭乱。

作为由室内及装修设计创造的环境与气氛,浓妆与淡抹、艳丽与朴素、雍容华贵与朴实无华,并无什么高低之分。以建筑设计为基础,从整体的构思出发,处理好局部与整体的关系,形成层次分明、内外协调、一气呵成的格调与风格,这就是室内装修设计的任务。

我国 20 世纪 80 年代以来新建的建筑中不乏两者密切配合的优秀作品,如北京香山饭店、广州白天鹅宾馆等。一位室内设计师说过:"我们不能把建筑同室内装饰分离开来,它好像一首歌,不能把歌词从歌曲中分割出来。"

二、误区之二

在商品经济大潮中,商业服务性建筑的室内及装修设计越来越得到重视。俗话说,"人要衣装,佛要金装",这也是无可非议的。但有的商业街区,沿街的店面、门头、招牌、字号,可以说五花八门、排列错乱、互争高低、各不相让;有的更是光怪陆离、东拉西扯,不仅自身形象很差,而且影响了整体环境;有的甚至不惜重金,用玻璃"片"墙包装了原来的建筑造型,耀眼的不锈钢柱随处可见。凡此种种,美其名曰:"突出时代气氛。"

此外,当前在不少城市的街市店面中充斥的西洋古典柱式及人体——小天使、裸男裸女雕塑,以至传统的狮子雕塑，位置不当、形象扭曲、粗制滥造，难道这种城市文化现象不应引起设计师、城市管理部门的重视吗？

建筑是时代的记录，是一部石头的历史。毫无节制地把各个时代的建筑淹没在统一的玻璃幕墙之下，失却的是各个城市的特色、风貌与历史记忆。著名美国建筑师沙里宁说过："看看一个城市的面貌，便可知道人们在想些什么。"

上海在对繁华商业街道之一——淮海路商业街进行改造时，提出要保护原有的风貌特征，无论是对西洋古典商店或是传统中式商店的处理，都要延续淮海路商业街的历史故事。

在香港九龙最繁华的弥敦道的一段，有一条被参天人榕树所形成的浓密绿荫覆盖的步行商业街——柏丽购物大道。简洁的单线视觉节奏，精致、光洁的饰面以及统一的灯光、字号，徜徉其间，一扫珠光宝气、杂乱无章的广告给予人们视觉上的压抑，精神为之振奋。

再从商场内部布局、装修看，虽然共享大厅、自动扶梯、空调、灯饰、设施先进，但往往缺乏个性，难以使人留下深刻的印象，对商品的布置不考虑其特征、内在质量与价值，把室内装饰放在不恰当的位置以致主次不分、喧宾夺主，造成文不对题的场面。

三、误区之三

把设计单一地归结为"美化"，不考虑客观条件的制约，不分场合地随意选用"新""贵"材料，忽视材料的性能，例如散发有害气体的墙面涂料、防火性能极差的电缆管道等，近年来公共场所重大火灾的发生、人员伤亡往往由此所致。现代化建筑中高科技的引入，多样化管道、电气线路的密集敷设，防火标准应达到更高的水平。

较高的室内及装修设计水平的标志在于舒适化、科学化与艺术化三个重要方面，缺一不可。室内设计必须对功能、材料、结构、工艺、造型、色彩诸多要素进行综合的考虑。

（原载于 1995 年第 5 期《室内设计与装修》）

18. 注重功能 完善环境

——三座小型图书馆设计

　　功能与环境的统一是建筑创作的基本原则之一,设计中小型图书馆建筑时,在现实条件的制约下,如投资较少,目前的管理方法以及各校的环境现状等因素,更应把握好这一原则,使设计有所突破。

　　20 世纪 80 年代后期,我们相继设计建成三所院校的图书馆:南阳理工学院图书馆(见图 18.1 至图18.4),7300 m^2;开封大学图书馆(见图 18.5、图 18.6),3700 m^2;河南省农业银行学校图书馆(见图 18.7至图 18.10),4300 m^2。在设计中我们从既定的校园总体布置着手,考虑从传统型的功能分区、平面布局、管理方式向开放型的灵活、高效、模数化发展的可能性,从多方案比较着手,在校方、管理人员的参与协作下,对一些问题达成了共识,扩展了方案的构思,基本上得到了预期的效果。

图 18.1　南阳理工学院图书馆方案 1

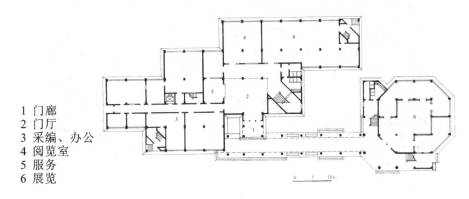

1 门廊
2 门厅
3 采编、办公
4 阅览室
5 服务
6 展览

图 18.2　南阳理工学院图书馆方案 1 一层平面图

图 18.3 南阳理工学院图书馆方案 2

图 18.4 南阳理工学院图书馆方案 3

图 18.5 开封大学图书馆

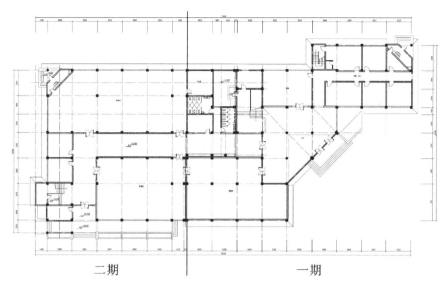

二期　　　　　　　　　一期

图 18.6　开封大学图书馆扩建工程首层平面图

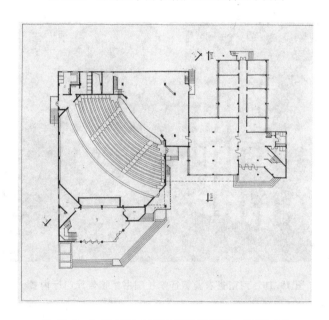

图 18.7　河南省农业银行学校图书馆一层平面图

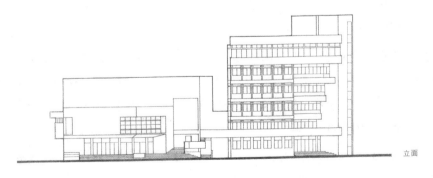

立面

图 18.8　河南省农业银行学校图书馆立面图

图 18.9　河南省农业银行学校图书馆综合楼外景

图 18.10　河南省农业银行学校图书馆报告厅门厅内景

设计合作：

南阳理工学院设计室　张璋、仝健

郑州大学综合设计研究院　韦峰、张达瑾

开封市建筑设计院　张幼盈

①在近似的建筑功能条件下，立足于不同的总体环境才有可能创作出各具特色的图书馆建筑。"南图"与"农图"在总体上均处于轴线主楼的位置，由于从内部功能、流线出发，摆脱了中轴线对称的布局。"农图"的六层主楼与1000座的报告厅相结合，两者在体量、入口方面为分清主次，将报告厅作45°的旋转，形成与主楼、广场的向心凝聚作用。

②在平面形式上，打破借、藏、阅严格划分的布局，在考虑自然采光、通风、节能的基础上，扩大进深，使阅览室与书库加强联系并适应今后开放式的布置。"南图"方案采取大进深、垂直分层，阅览室与书库局部错层、并列布置，通过中部的楼梯间保持两者之间的联系，也可为今后开辟阅、借、藏、咨一体的大空

间创造有利条件,适应现代化图书馆发展趋势。"开图""农图"在层高、荷载、柱网三统一的布局下,节约了交通面积,降低了层高。

③在造型上,"农厅"通过平面旋转形成空构架、"农图"体块的斜角穿插形成独柱角廊、"南图"疏散楼梯切角形成构架,都既照顾了"左邻右舍",又丰富了建筑形态。"开图""农图"主立面各层自下而上的台阶式出挑,加强了建筑的雕塑感与光影效果。

在外部空间方面,"南图"通过柱廊加强了主体与报告厅的联结,使庭院与校园大环境在空间上增加层次与景深。"农图"主楼与报告厅在结构上通过主楼的两层通长挑檐雨篷外廊形成了整体感。

图书馆的内部空间设计使门厅、中庭不仅作为联系内外的交通枢纽,也成为加强公共性建筑形象的手段,显示出不同的特色,加深了对内部空间的第一印象。

合作设计:刘韶军、张彧辉

(原载于1995年第2期《世界建筑导报》)

19. 建筑物态操作
——建筑设计文化的探讨

近一个世纪以来,世界建筑领域随着哲学、科学技术的发展,其理论和思潮呈现出更迭、递变的状态,可以说,流派之多、名目之繁、变化之快,真叫人目不暇接。尽管这些观念和理论对工业革命所推出的现代建筑从理性、规范、法规角度肯定其积极的、划时代意义的一面,同时对其忽视人性的一面进行了反思和检讨,进而讨论了建筑与观念、建筑与文化、建筑与场所和环境、建筑与新秩序等一系列建筑与人性的问题。虽然派生出了诸如后现代派、晚期现代派、解构主义、新现代主义、新古典主义以及后解构主义等众多的建筑流派,然而,就建筑物的操作体系而言,这只是现代建筑变迁的结果,是原操作体系的成熟与发展,而不是对现代建筑操作的鄙弃。

改革开放以来,中国建筑开始放眼世界,对各种设计思潮、观念、建筑理论开展了广泛的研究,并以极大的热情和精力投入了创作实践,取得了空前的成就。

在建筑理论方面的研究,建筑文脉、传统与革新以及与行为学、心理学、符号学等学科的交叉渗透,以至 20 世纪 80 年代所兴起的"文化热""旅游热""后现代现象"使"如何思考"建筑急剧加码,但相对于这些,"如何完成"建筑方面则很少有人问津。人们把注意力集中在与建筑的因果关系方面,即如何理解建筑的生成、演进、风格、传统等方面,而忽视了建筑物形态生成的研究,这势将影响建筑设计的实现程度。

这也导致了建筑理论与创作的严重脱节现象,表现为一方面是建筑理论向哲学等多学科的交叉渗透,另一方面是大量"千篇一律"建筑的出现,或是"新古典主义"和"假古董"的重现,或是一味在形式上追随西方。在设计教学中教得困惑、学得迷惘,对建筑的创作、创新问题或者是造型的突破问题,似乎只从理论方面去解决,而没有从现代建筑操作体系、现代设计意识方面作深层的探究。

20 世纪 70 年代末,在建筑教育方面把工业设计的三大构成(平面、立体、色彩)移植到基础教学中,经历了十余年之久,于 1991 年元月第一次召开了建筑设计基础教育研讨会,才真正关注于现代物态操作体系,着眼于将现代设计意识的培养放在重要位置上。

为什么在大量引入现代建筑理论 10~15 年之后,人们才开始对建筑进行解剖、还原,进行各种操作训练,并重视设计技能的开发呢?

本文通过对现代建筑操作体系的再认识,分析传统与现代建筑两种不同的操作体系,从建筑基础教育与现代建筑物态操作体系着手,进一步更新设计观念,并借此为提高建筑创作与建筑教育水平作出一些探讨。

一、建筑的两种不同操作体系

在中国现代建筑的发展与建筑教育道路上,尽管在观念上中国古代建筑与西方古典建筑极其不同,但在操作体系上却有着与西方古典建筑完全相同的"法式"操作(见表 19.1)。

表 19.1 两种不同建筑的发展情况

类别	观念	物态操作体系	形态特征	布局手法	主要装饰手段	趋势	主要类型
中国古代	东方伦理	"法式":数与象之法	屋顶	强调轴线	彩绘	流于烦琐	宫殿
西方古典	宗教泛神论	"法式":比例、形象	柱式	注重广场	雕刻	同上	宗教建筑

现代建筑与建筑教育步入中国经历大半个世纪的艰辛。加之,中国重"理"轻"技"的传统思想、中西方艺术发展势态的差异(见表 19.2),在客观上影响了现代设计意识的确立。

表 19.2 两种不同艺术发展态势的差异

类别	种类	观念	表现	训练方式	探求	趋势
中国艺术	绘画独尊	禅宗	意态	悟(临摹大师)	个别事物的传神之笔	挂在墙上的艺术手段
西方艺术	绘画、雕塑并重	宗教	形象	写生(研究自然形象)	一般事物的表现形式	走向生活的工业设计

始于"包豪斯"的基础设计教育,即改变手工业生产方式下长期形成的陈旧传统观念与形式处理手法的决裂状态,寻求技术与艺术相结合的创作道路——现代建筑的操作体系,继而走向对建筑自身的特有形式与空间创造能力的发掘上。因此,从根本上说,现代建筑物态操作体系是对古典"法式"操作的完全超越,不是对旧体系的延伸、承续,而是对"学院"派体系的彻底变革(见表 19.3)。

表 19.3 两种不同建筑设计教育模式

类别	"学院"派古典模式	现代建筑设计教育模式
教育方式	灌输式: "悟"的道路,模仿大师、范例	启发式: 以"理性"判断为主,发掘学生的设计意识,以培养创造力
形式理论	传统的构图理论,强调了平面的形式美规律	空间形态构成理论要素与关系的组合
思维方式	单向的收敛式思维及"归纳"法	发散式、多向式的形象思维与逻辑思维的结合
教育目的	培养艺术家式的建筑师	培养与当代工业技术相适应的职业建筑师
课题选择	依据规模由小到大进行选题施教	依据空间要素及关系的还原,按空间的制约条件简单到复杂程度,进行选题
教育结果	比较单一的模仿型的人才	具有现代设计技能的人才

二、现代建筑——一种新的物态操作体系

伴随着大工业生产的现代工业设计,发展到当今多元化的后工业时代,现代建筑设计不仅体现了科学与艺术的综合、社会科学与自然科学的融汇,而且建筑设计趋向共生化、高技化及文化性等,建筑承载着越来越巨大的知识包容量。

作为建筑设计最终的体现——形式、造型、空间,在一定意义上,"形式的追求贯穿在建筑设计的全过程与各个方面"。建筑设计与其他造型活动一样,均是人在一定环境中,在一定需要(目的)的驱动下寻找问题求解途径的技能。这种设计技能的复杂性在于它同思维(判断、直觉、思考)、决策和创造等活动密不可分,同时,这种技能的实现程度除了依赖人类生理机制的功能外,主要取决于对各类环境知识的掌握情况,尤其重要的是关于设计对象(产物)自身物态操作技能的获得。

艺术创造与科学活动的区别之一,在于艺术必须把意识中的形象用一定的物质材料传达出来、表现

出来,把意识中的形象化为物质的形象。因此,现代建筑设计和其他造型设计一样,不外乎是一个观念的实体化的过程,它要通过观念确立(行为意向)、思维方式的选定、具体的物态操作这三个环节来实现。观念决定着建筑生成的方向。思维方式的选择与转换,体现出设计者对"问题"的思考与求解方式的选定。物态操作是设计思维具体实现的过程,即对诸多设想和形象假设进行整理、分析、判断,在建筑所特有的领域里进行形象的操作,这是关于物态的操作,不能用设计的具体方法来取代。如从功能入手、从文化分析入手、从环境入手,以及从技术入手的设计手法均不是建筑实现的最终手段,而必须通过物自身的动作及物与物关系的协调,以具体的物态形象语言来最终完成建筑创作。

这三个环节整体操作、相序而行,才能使整个设计过程顺利进行,达到满意的结果。设计者对第一个环节知识的掌握程度,关系到建筑结果所达到的标准。对第二个环节的展开,决定着建筑能组成可供选择的信息的优劣、多少,涉及符号系统的多样化、层次性、网络性以及共生性。

第三个环节操作技能的获得与否,不仅关系到能否设计出建筑作品,而且对培养建筑师关于基础教学模式的选择技能,以及今后设计操作中创新意识的发挥起着"思维定势"的作用。

三、现代建筑的物态操作体系

造型作为一种活动,起源于人类手脑并用,制造器物,至今已有数十万年历史,而发展至今的当代造型设计则"意味着当代社会生活物质基础的创造,又意味着对人类未来理想社会建设的规划预见"。因此,设计是一种规划活动,它把社会的、经济的、科学的、技术的进步有机地结合起来。"设计又是一种必须通过物态操作才能得以实现愿望的创造活动,不同历史时期有着不同意识所支配的物化操作,反映到产物上表现为不同形式和风格"(见图19.1),向后人诉说着各自的时代文明。

①现代"造型"的崛起,受抽象绘画艺术的启发,始于蒙德里安和康定斯金,始于他们对复杂事物的简化,把一切简化成三原色、基本形(直线、矩形、圆形),这种抽象的点、线、面、色彩表达了现代美感,直到"包豪斯"的成立,标志着打破了绘画的框架,使绘画艺术从墙上走了下来,走向了三维空间,走向了建筑,走向了环境艺术。

②将物态系统还原到了点、线、面、色彩这些要素最本质的关系上,发展了一种与工业时代相适应的新形式的操作技能(手段)来解决新问题,满足了人们的需要。现代设计时代诞生了。现代造型逐步形成了一个较为完整的造型艺术系统(见表19.4)及理论系统(见图19.2)。

表19.4　造型分类表(此表选自《造型原理》,吕清夫著,略有删改)

分类法	举例
从词意分	造型作品(产品、雕刻等),造型创作
从形成分	自然造型、人工造型
从用途分	纯粹造型、实用造型
从体积分	平面造型、立体造型、环境造型
从材料分	石材、木材、陶瓷、金属、塑胶
从感觉分	视觉、触觉、空间、视听造型
从地理分	中国、埃及、法国、美国等
从造型要素分	有机、几何、质感、空间、动态、光线等
从形式原理分	平衡、对称、比例、对比、调和造型等

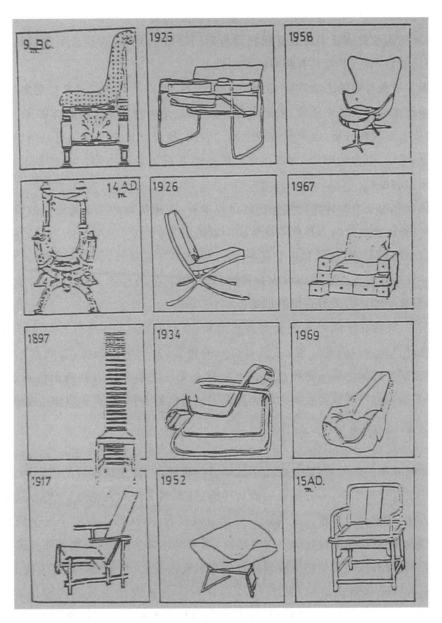

图 19.1　（家具）古典与现代造型选例

图 19.2　现代造型的理论系统

建筑的自律性知识,即区别于他类的不可还原性,确立了建筑的本质——空间元素,即从概念性元素、点、线、面来研究空间及其构成。建筑空间物质逻辑问题的研究,是其他造型领域的研究所不能替代的部分,体现着建筑的自律性,并且具有相对的稳定性。

当建筑师掌握了物质材料的力学性能、工业化的施工技术,以及对建筑意义的理解与深入,一定物质基础技能的开发即把这种要素关系还原,限定组合的操作,这是一种新观念的具体物化,也是一个分析-综合的过程,并主要依赖于理性分析,而不是主观经验。因此,新设计观念的建立更具科学性,同时,对这种要素和关系的还原、限定、组合的操作,为现代建筑的造型开辟了新的道路。面对多元的建筑知识结构,应注意力避多类知识的堆积。

③若将建筑设计作为一个整体性物化操作的过程来看,则建筑师必须正确地把握整个过程的进展及价值的取向,同时具备正确的判断力和创造性解决问题的能力。

我们都承认这样的事实:对色彩和声音的感受力与分辨力很强的人,不一定能成为画家和音乐家。这要看后天是否能够给这些先天素质得以充分发展的条件,这些条件除了社会的、阶级的、时代的、传统的等客观因素外,很重要的是后天有意识的训练。

素质是有差别的,关键在于能否在先天的自然素质、生理基础上,通过后天训练(理性化的培养)获得。周恩来同志说过:"要讲经验和才能,必须有很好的修养,其中包括训练,否则就不能成为一个艺术家,也不能成为评论家。"约翰尼斯·伊顿忠告:"如果你在无意之中有能力创造出色彩杰作,那么无意识便是你的道路,但是如果你没有能力脱离你的无意识去创造色彩杰作,那么你应该去追求理性知识。"

四、建筑基础教学模式的探索

在建筑学专业四五年的学习中,要完成几十门知识的传授,以及建筑师的全面训练实是十分困难的。因为在四五年的建筑设计教学中,一方面要完成从功能、技术到文化的大循环,一方面又要通过各种建筑类型去掌握设计方法,这就难上加难。以往这种按建筑规模大小,从低年级的小而全到高年级的大而全的设计教学,只是对不同规模建筑设计的一次性经历,用对具体方法的教授、师傅带徒弟的手工业方式替代了对能力的培养,更没有从一开始将灌输现代设计意识放在首位,几年的设计教学缺了层次上的递进。

"包豪斯"的教程模式和知识结构(见图 19.3),以及以建筑设计为核心的建筑学知识结构(见图 19.4),由理论及实践上的多层次知识所构成,从内容上看几乎囊括了应有的知识面,但建筑学专业知识的离散状态,决定了难以形成具有建筑学自律性的体系,在当学时严重不足、各学科各自为中心的情况下,往往搞成了各学科知识百科的形式,也难以揭示建筑学知识的内在结构联系。

为此,我们从两类建筑知识的观点出发(客观知识即物与物之间的结构关系,主观知识即人与物之间的关系),对建筑知识进行图解,通过各知识学科与建筑设计的特定关系,使我们多元的知识系统化,并从设计始点起步,逐步把握建筑知识的分类,以及表达建筑物质形式化的深度内涵。如图 19.5 所示,由细线组成的面积区域可以表达建筑意义的显现,面积越大,建筑实现的程度就越高,建筑意义的显现就越加充分,语义也更丰富,而设计始点以及各线的交叉无不体现设计的最终实现。距始点越近的知识,当属于最基本的知识,越应优先掌握并贯穿始终。这种知识观,便于使学生明了各部分知识的作用以及建立以设计为中心的知识框架,并为制定基础教学体系找到依据。

当然,图式的几何关系不能完全等同于知识交叉的抽象关系,但是重要的一点是:优先向学生输入最

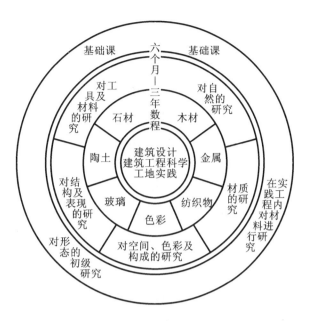

图 19.3 包豪斯学院的教程模式及知识结构

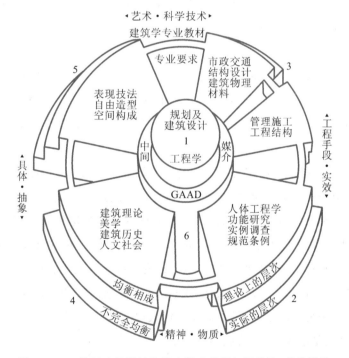

图 19.4 一种以建筑设计为核心的建筑学知识结构,其外围是基础理论,中心为综合的实践性知识(乐民成绘)

基本的设计思维方式,并将设计作为一种问题求解的技能和与个人的判断、直觉、思考、决策相关的整体性操作过程。在这样的大前提下,基础教学强调具有"理性"基础的直觉判断训练,培养了学生的设计技能,开拓了学生的创造力。

向学生优先输入最基本的关于形态和空间概念的知识,并与操作技能练习同步进行,可训练学生用形态自身的语言(形象思维)和构成方式(逻辑思维)对建筑空间进行思考和操作,并使两类知识在不断的

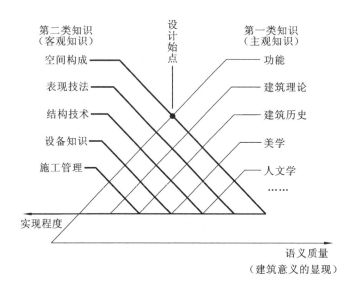

图 19.5　建筑学知识体系

试错过程中得以逐步增长、完善,这也是对建筑设计最根本技能的开发。

其一,换个角度看,物态操作技能的训练和与建筑实用意义上的实现程度直接相关的物态知识的同步输入及建筑艺术整体发展的三大层次的金字塔结构相一致。这种操作模式的比较,更清楚地反映出两种不同培养方式的结果。

其二,建立在建筑客观知识基础上的,区别于具体对象操作的操作,不受功能、技术、环境、人文等条件制约,而只是指定某种特定的空间关系,对丰富多彩的现实形态进行简化、抽象和还原而得出最终的产物。这种产物,人们不能拿来用于直接生产,而是可以根据这种内在结构的多样性和可操作性,衍生出多样而统一的现实作品。

其三,把"理性"——一种推理的特定思考过程与技能培养相结合,是打散现象与事物原有的结构,将各个单元和要素之间的隐藏秩序抽象出来,按照现代的需要,通过变形、转换进行重新组合。这种训练,意味着对学生观察、分析、判断能力的培养和操作技能的训练。通过这种训练启发学生去发现任何多样化事物中不变的因素,或者说将事物还原到最基本的结构状态,然后对这种基本稳定的结构,经过组织化、秩序化、具体形象化去阐释功能、文化等动态内容,这便是高年级教学的任务了。

总之,现代设计技能与操作是一种现代文化、现代文明,观念的改变与认识是一回事,把观念付诸教育并与设计实践相结合又是另一回事,它可能需要一代人以至几代人观念进步、同心协力、相互理解和共同努力。对我们来说,也只是起步,愿与共识、同行。

第一作者:陈芬霞

(原载于 1992 年第 5 期《世界建筑导报》)

20. 居住小区的调研报告

近年来,随着改革开放,城市小区规划设计方面的大规模实践,不仅极大地改善了居民的居住条件与生活环境,而且逐步形成了一定的格局与模式,取得了一定的经验。1992年9月,在省建设厅的支持下和有关地市房建开发公司的协助下,我系师生对开封、洛阳已建和新建的几个居住小区进行了初步调查,试图从小区环境质量着手,对小区的规划布局、住宅设计、小区管理等方面进行分析、整理并作一汇报,以期同志们的指正。

一、规划布局

从几个小区规划布局的手法来看,大都沿用了围绕小区中心,结合道路网划分若干组团,并按一定服务半径布置商业设施、幼托、中小学的方法。

这一通常的做法有以下几个特点。

①小区主要道路网布置做到通而不畅,防止过境交通的穿越,组团内部尽量采用尽端式,以保持安静的居住环境。

②住宅组团有的采用南北向入口相对的方式布置以加强"邻里交往"与"空间领域",住宅群布置仍以南北行列式为主,照顾了居室的朝向与日照。

③中小学地区的片状绿化与步行绿化带相结合,形成小区的绿化系统。

④公共建筑的布置大都考虑了人的活动流线(如购物活动、送孩子上幼托、上下班、乘车外出等),方便了群众的生活。

通过调查,首先,这种几乎"理论"上的定向构成了当今小区"千篇一律"的格局,而现实的居住内涵有着不同的要求与丰富多样的课题,需要我们去研究、探索。其次,住房制度、管理制度的变革也不同程度地影响了规划设计,使现实的小区不断地被"改造"与调整。再次,规划布局往往沿袭套用,缺乏对人们在生活(衣、食、住、行)所要求的内、外空间以及约定俗成的场所进行活动的行为和心理方面的研究,往往用臆想的"邻里交往"一统现实的丰富生活。

①由于人们的职业、习俗、年龄、受教育程度的不同,必须考虑层次的多样性、选择性,但规划设计中往往习惯性地划出一片用地,分出硬质、软质地面,布置条条排排的坐凳、花坛,似乎能满足人们的欣赏、游憩、散步、锻炼、保健以至节日活动等要求。但随着我国老龄化的进程,对男性、女性老人活动的特点进行分析,在小区设计中应占有一定的位置。从观察中发现,老年男性不喜欢独处,常三五成群或围坐打牌,或闲谈聊天。老年女性喜欢独处或2～3人安坐在入口处,有的坐在具有一定私密性的环境中而能安静地看热闹的处所,这就要求规划中不仅有老年人活动的场地,而且应考虑老年人活动行为的特点。

②在小区规划设计中,如何渗入社会学的因素把人们的生活单纯精简到只有"衣、食、住"的方面,拓

展出包含多样化生活内涵的"场所",构成新的生活网络,作为小区组团及中心,不仅在布局上需要,而且更应对内容与目的进行更深的开掘,增强"小区归属感"是一个重要方面。归属才能凝聚,亲和的关系、共同志趣、社交、体育等无一不是凝聚的要素。因此,具有良好的"人际交往""小区归属感"的场所,不仅是人们熟悉而亲切的认知场所,而且是人们从幼年时代起即培养的对小区的一种眷恋之情。如居住小区青年结婚仪式的场所往往选择在住宅单元入口处,这种习俗无法追溯其起源,但说明在小区中安排婚嫁喜庆事宜需要公共活动场所。设立综合性的文化活动场所是现代生活、文化的一种需求。

③小区环境质量的好坏,往往体现在对小区的卫生绿化、安全保卫、商业摊点、社会活动等方面的管理上,而管理则涉及小区管理的组织及其职能的实施。如洛阳兴隆小区管委会是一群众性自治组织,除主任由办事处相关人员兼任外,其他人员从离休干部、工人中聘任,以及从辖区人员中借调。管委会成立后,制定治安管理制度、居民公约等,使小区面貌大为改观,拆除乱搭、乱建的违章建筑,清除垃圾,疏通下水道,更换路灯等,使居民区的生活条件、环境得到了初步改善。但由于管委会辖区包括 37 个大小单位,4000 余户居民,管理任务重,头绪杂,扯皮多,加之个人卖房户多,一些协调、管理取费等都难以落实。从调查的其他小区管理情况看,有的小区建成 2～3 年,居委会派出所没有建立,居民户口尚未迁到,小区内的绿化因无人管理,苗木遭到摧残,呈现一派破败现象。有的甚至处于"放养"状态,有的则是由于住房体制、市政设施、社会因素等多种因素所致。

二、住宅单元设计

在当前住宅面积标准情况下,住宅单元的布置有了较大的改进,一梯两户的单元设计避免了相互干扰,增强了私密性,户内厅、室及浴厕、阳台的布局大都能做到紧凑、方便。通过调查居民的反映,对使用、设计的情况与要求归纳起来大致有以下几个方面。

①随着居住水平的提高,对厅室的面积使用情况,提出了在同等面积条件下,保证厅室,压缩卧室,扩大厨、厕面积以利使用,原因如下。

a. 家庭电器种类的增加,如洗衣机、电冰箱以至抽油烟机等,占有一定的面积与空间。

b. 厨房内吊柜的设置、厕所内放置浴缸等,均需适当扩大为好。对于厨、厕门直接通向厅室有碍观瞻,普遍反映较差。

②对于家电的普及,如电视机、电冰箱的使用,通过抽样调查(见表 20.1)不仅表明了家电普及率的提高,而且要求设计者做更细致深入的安排与考虑。例如,调查的住户中已有 22％采用 20 寸以上彩电,居民要求保持一定视距以保护视力,对开间和进深提出了意见。又如,厅室布置中普遍地采用了组合家具,组合沙发、组合音响也逐步进入"寻常百姓家"。对其他如吊扇吊钩、电气插座,以及水龙头的数量偏少也反映较多。

表 20.1　主要家电调查情况

调查户数/户	洗衣机/台	电视机/台	电冰箱/台
63	57(占 90％)	48(占 76％)	47(占 75％)

③各户的生活及服务阳台的封闭缺乏统一处理,使住宅面貌多样而杂乱。对于一些不规则的阳台,则反映不便使用,只是为了好看,阳台应考虑花盆的位置,加宽栏板并加凸边以防止掉落。

④住宅类型及造型组织缺乏层数高低错落,色彩单调,加之有的阳台处理得仅有一点变化,也因被堵塞而更显凌乱。

三、其他问题

无论是规划、单元设计,还是住宅公建,或是道路网绿化,通过调查,正如学生们的反映,得到了书本上所没有的实际而生动的知识。除了上述两个主要方面外,将有关改善生活物质环境的建议与意见分述如下。

(1)自行车的存放保管

关于自行车的存放保管,一般小区采取以下三种方式。

①搭建临时集中棚屋,由专人负责日夜看管,每月收取保管费,有的集中了100~200辆车,如位置得当,则使用管理较方便,但车棚对小区内部空间及绿化面积有所影响。

②放于小区内人防地下室集中保管,但往往位置及管理不当,而且又在地下,使用不便。

③采用住宅底层错半层的做法,在点式住宅采用较多,多个单元组合体在组合上、数量上就不易安排。

(2)关于安全问题

一些小区原有布局中住宅组群之间的道路贯通,为安全起见进行分隔、封闭,而取尽端式,对安全有所保障,但由于住宅产权分属各单位且经济水平不一而造成围墙形式各异,标准差别过大,破坏了小区的完整性。

(3)其他

另外诸如垃圾道的位置与处理、组团通向各户的道路宽度、车辆回转、消防等,也往往顾此失彼,难以达到令人满意的效果。

四、结束语

城市小区的建设改善与提高了城市居民的居住水平和质量,然而,人们居住条件的改善、生活需求的满足,并不仅仅在于居住面积的增加和住宅设计合理的程度。居民的居住生活本身包含着生理、心理、安全等多层次、多方面的内涵,而且与居住区周围的各种自然因素、人为因素(如社会因素、经济因素)具有密切的关系。

城市居住环境是容纳人们居住生活范畴内一切活动的物质空间,它与城市的公共活动环境(如商业服务、文化娱乐等)、非公共活动环境(如生产、管理、教育、医疗等)、生态环境和交通运输环境之间彼此联系,是互为依存的整体。

城市居住环境不仅要注重人在建筑和环境中的使用活动,而且应更多地研究与关切社会政治、经济、文化和人际交往等对居住环境和人们生活方式的影响及作用。

城市居住环境还要关注不同年龄、受教育水平、性别、职业、收入人群的需求,并在一定程度上反映了人们的审美、信仰等,从而表现出他们所处的社会物质环境的空间结构与形式。

因此,首先要充分认识到规划、设计工作必须从城市社会、环境的大系统出发,整体协调上述诸方面对居民环境的综合作用,即社会环境、物质环境与居住环境之间的关系,才能取得最佳的社会效益、经济效益与环境效益。

其次,城市居住环境是由上述诸方面构成的有机整体,它是一个开放型、动态的复杂系统。凡是系统,都具有功能和结构,它们之间的相互关系则决定了系统的性质和作用。所以,规划、设计必须加强调查研究,提高理论水平,从实际出发,不应仅仅从图面画几个组团,画一些圈圈,排排房子,更不是从图面构图效果中去追求其完美性。这是我们从调查学习中得到的一点共识。

(原载于 1992 年第 3 期《世界建筑导报》)

21. 多元、多向发展的建筑创作时代

——20 世纪 80 年代建筑创作倾向

随着我国改革开放政策的贯彻,建筑创作进入了一个繁荣时期。特别是 20 世纪 80 年代以来,遍布城乡的各类建筑,数量之多、类型之广、风格之多彩而丰富在近代建筑发展史上是空前的。城市建筑面积以每年 1 亿平方米,农村以每年 6 亿~7 亿平方米在递增,城乡面貌正在不断改观。

然而,我国建筑师的比例在百万人口中还不到 30 名,是欧、美、日等国家和地区的十分之一不到。因此,我国建筑师面临的任务是艰巨的。同时,如何反映时代精神? 中国现代建筑应该向何处去,它的发展趋向是什么? 这一连串的理论与实践问题正是我们应该积极思考和探索的课题。

建筑作为文化的重要组成部分,它与其他载高履厚的历史与文化背景一样,背负着伟大而沉重的包袱。面临着西方建筑浪潮的冲击,中国与西方建筑的发展加强了普遍的联系、交往。因此,要求我国建筑师既要对民族建筑文化传统有一个深化认识的过程,又要对西方外来先进文化信息进行吸收、整合,这不是简单的添加、裁减,而是以一种独特的方式构成一种新的关系,创造一种新的质来。20 世纪 80 年代的建筑创作正处于这样一个转折时期。

简略地回顾一下 20 世纪以来近代建筑创作的发展历程,尽管它反反复复,"潮涨潮落",但它总是沿着一条曲曲折折的道路前进着。对前人创作思路的回顾是期望以宏观的视野寻求它们和左邻右舍与更大社会文化背景之间的有机联系并给予剖视,秉受其内核与方法的启示,探索在创作实体背后的历史灵魂与审美意象,给后继者以启迪。

以下从三个阶段作简略评述。

一、1911—1949 年

新中国成立前,中国生产力落后,建筑发展缓慢。20 世纪 20 年代第一批从西方学成归来的建筑师先辈们在建筑教育、古建筑研究、建筑创作等各个领域进行了开拓性的工作,作出巨大的贡献。

如以梁思成、刘敦桢先生为主成立的中国营造学社,为发掘、整理建筑遗产及理论探讨做了艰苦卓绝的工作。他们调研范围之广、著述之丰、理论之精深,为中国古典建筑研究奠定了深厚的基础。

与此同时,不少建筑师对传统建筑形式运用于近代建筑创作做了新的探索,如南京中山陵(吕彦直设计)、广州中山纪念堂(吕彦直设计)、上海原市政府建筑群(董大酉设计)、中山陵音乐台和金陵大学图书馆(杨廷宝设计)、中山陵藏书楼(卢树森设计)、上海青年会大楼(李锦沛设计)。

在沿海一些租界城市,外国建筑师的创作除了采用传统西洋古典建筑形式外,也有一些以中国传统手法设计的作品,如北京协和医院、南京金陵大学等。

上述两种创作背景不同而建筑形式类似的作品反映了 20 世纪初期中国近代思潮在建筑文化上反映的复杂性。但在建筑创作领域中,20 世纪 30 年代以后,那些以"中学为体、西学为用""保存国粹"为主要指导思想的产物,以及将"以复古为更新"作为重要使命的复古主义建筑毕竟因其不可克服的历史局限性,"纯采中国式样,建筑费过昂,且不尽实用"而逐步后退,以至消失,而代之以"混合式""实用式"以至"国际式"建筑,在我国近代建筑创作上又迈出新的一步。由于抗日战争,这种探索停止了。

二、1949—1978 年

1949 年新中国成立,随后开始了第一个五年计划,进行了大规模的工业与民用建筑的建设。建筑设计方面,在"社会主义内容、民族形式"口号下,加之一边倒的政治形势,并在上述口号无论是理论上还是实践上均处于朦胧不清的情况下,作为一种创作思想辅以行政权力被推行,在全国出现了一批对传统古典形式的仿制品。虽然有过对过昂的代价、模仿的形式、凑合的功能的反思,但还没来得及对建筑文化价值观上的取向作应有的评析。

在 20 世纪 50 年代末期,以北京十大建筑为代表的国庆工程(如人民大会堂、革命历史博物馆、民族文化宫……),充分考虑功能、技术条件,一些建筑摒弃了以"大屋顶"为主要特征的复古主义,以玻璃檐口、局部采用传统装饰纹样等手法,在一定程度上反映了时代风格。在建筑造型上,这一时期的建筑布局仍沿袭传统严格轴线对称的形式。

"文革"时期,响应政治口号的庸俗化的建筑象征手法,如到处以五角星、红旗、火炬为标签,将各种纪念性数字作为比例、尺度依据,把建筑创作弄到了令人啼笑皆非的地步。

一些以我国国情为基础,结合外来技术及地区特点进行创作的 20 世纪 50 年代的优秀建筑统统被打成了"封、资、修"的典型。理论的冷落与压抑,环境的封闭,导致了从南到北城市面貌特色的渐渐淡薄,建筑格调呈现了"千篇一律"的局面。

在 20 世纪 70 年代,一些较早开放的地区,出现了吸收外来文化与传统结合的建筑创作,如广州地区以现代建筑手法与庭院绿化相结合,适应该地区气候、生活条件的新建筑形成了独特的"轻、巧、透"的新风格,具有代表性的有广州友谊剧院、矿泉客舍等。

三、1978 年以后

20 世纪 80 年代以来,我国的建筑教育、理论研究、建筑创作呈现出百花争艳的局面,多次全国性的学术交流会、建筑思想讨论会、住宅及公共建筑设计竞赛、优秀建筑创作的评选……无不标志着建筑创作的各个领域进入了一个新的历史时期。

此外,回顾多年来我国对古典建筑、传统园林、地方民居等丰富遗产的探索、研究,无论从深度还是广度方面,都大大地进步了。从形式、风格,继而对传统空间、布局特征的规律性进行探讨,加之在开放的进程中,对照中西文化的比较研究,使建筑师在面对多元的传统文化以及同样多元的外来文化时,有可能作出多样的选择、调配与组合,输入新思想与重新选择传统是这一过程的两个侧面。20 世纪 80 年代的建筑创作正是从这样的自我调整过程中起步的。因此,在建筑创作构思、理论倾向、建筑评论等方面围绕传统与创新这一根本问题,着眼于一种新的角度,用一种新的眼光,在现代化与传统的关系上来反观传统、选择传统,既使传统的形式、内容与现代功能、技术相融合,又使传统审美意识赋予时代的气质。这里试图从众多的新作、竞赛佳品、获奖选例中就其创作倾向的三条途径作如下分析。

①以继承传统形式、手法(布局、空间处理)为基本思路,在主要形式、空间及特征方面进行模仿,或以某一种古典建筑"法式"为基本依据进行创作。由于对传统有认识上的差异以及在手法上、技巧上的高低,这类作品所具有的层次、水平当然也会有所不同。

曾获 1986 年优秀建筑设计一等奖的阙里宾舍、20 世纪 80 年代北京十大建筑中群众选票居首位的北京图书馆新楼、武汉黄鹤楼、西安唐华宾馆以及在一些古都和历史文化名城相继出现的"仿唐""仿宋""仿明、清"的商业建筑都可以说基本上是以传统"大屋顶"形式为主要特征的建筑。

正如阙里宾舍的作者自己所指出的"在建筑形式上与孔庙、孔府协调的关键在屋顶。阙里宾舍的屋顶是保守的……在这个环境中不敢冒失"①。阙里宾舍以其凝重的十字脊重檐歇山顶为主要体部的建筑造型,可以说在创作手法上所采取的是一种谨慎的"大屋顶"形式与现代化旅游建筑大厅功能相"结合"的最为保险的方法而已。

北京图书馆新楼采用主次轴线分明、对称为主的布局,主入口体部与端部两翼上层重檐的挑廊、悬山屋面以及南入口的门廊、休息厅的方形攒尖亭阁,加之高耸入云的书库双塔楼,集多种古典建筑屋顶样式于一体,以体现中国现代文化建筑的特色。

至于一些仿古商业街以"以假乱真"为己任,出于开辟旅游项目的目的,往往只是单纯追求形式上的相似而忽视现代商业功能的要求。前几年,这股传递现代信息、扭曲现代生活的"复古风"大有刮遍城乡之势。无怪乎有些青年学者惊呼:"不要再去造那些文物的复制品,在我们时代里到处散发出土文物似的铜绿气息。"

这种仿古建筑往往只能在特殊的条件、特殊的要求、特殊的环境下进行创作。在理论上充其量是一种在现代功能、技术条件下,着眼于传统形式的形似、具象与再现。因此,在创新的道路上是难以有所突破的。

由于以传统屋顶形式统率着建筑的造型格调,在总体感受上难以使人获得新的时代信息。20 世纪30 年代、50 年代所走的借旧有形式凑合新的功能要求的路子,终究由于缺乏城市历史的距离感和环境的时代层次而难以为继。

并且,因为开放、寻根、旅游、猎奇、地方文脉相互交织的文化探求,以及行政意志的参与、职业的偏爱、传统的认识等多种因素的影响,对"大屋顶"这一传统形式的仿制与沿袭,往往不是一朝一夕能消失的,可能还得继续下去。

②融合我国传统建筑研究成果与西方现代建筑理论,适合我国国情进行创作是 20 世纪 80 年代以来多数优秀建筑师共同探索的道路。这类所谓带有"洋味"的建筑从 20 世纪初到 20 世纪 80 年代经历了一个由浅入深、由表及里的认识与实践过程。

这些新建筑不以采撷传统符号、形式为主要手段,而是取法于传统建筑的群体组织、内外空间处理、环境、造型诸特征,如各地新建的一批以旅馆、宾馆为代表的大型公共建筑,在外部造型上不拘一格,显示了各自的特色,而在内部空间、装修、家具、陈设及色调的运用上,广泛借鉴中国传统造园、景观组织等的手法,加之现代装饰材料、工艺的运用,颇有新意,有于细微处见精神的效果。

一些外国建筑师为旅游建筑设计的作品,如长城饭店、金陵饭店等,直接把西方现代建筑风格及技术展示在中国大地上,为我国公众所接受。著名美籍华裔建筑师贝聿铭,集中西文化于自身的经历,以简洁、鲜明的建筑语言,把中国江南地区所特有的灰瓦、白墙、漏窗等在尺度上进行变异、分解,重构于香山饭店的创作上,为中国建筑的创新起到了推动的作用。

值得指出的是:在一些大型旅馆的创作中,内、外气氛呼应、协调的连贯性似乎不足,同时,在内部或庭院空间的处理上,传统"亭"建筑的采用过滥难免使人感到雷同,欠缺新意。

③一些受功能、经济条件等因素制约较严的大型公共建筑以及城镇大量性的中小型民用建筑的创作,在设计中作多方面的选择与重构的可能性相应较小,因此,点滴的创新更是倾注了作者的热情与探索的艰辛。一些优秀作品的共同特点是:功能完善,技术合理,与环境融合以及造型朴实、简洁。评判不应停留在"传统"的点上,而应着重于是否反映时代性,在一个"新"字上作出判断。国外各种流派的理论、作品,随着改革开放一起涌了进来,引进、传播之快是空前的,这对我国现代建筑的创作,无疑增加了新的信息。我们应该关注的是一些在中西文化新的碰撞中哪怕是点滴火花闪烁的光芒,至少是予以宽容,因为点滴的积累必然会汇合成质变。

回顾 20 世纪 80 年代的创作,无论是作浅层还是作深层的分析,或是归纳为三条途径四种思路,无非都是说明建筑设计已经由过去划一的、单向的流动朝向多元、多向发展,并不断寻求着各自的流向。创作的繁荣,一方面基于蓬勃发展的经济与人民物质文化生活水平的提高,一方面也有赖于建筑创作理论与实践水平的提升。我们不应仅仅着眼于个别创作的功过得失,而应从整体上剖视创作所基于的理论与构思追求。

在理论方面,从封闭走向开放,立足于更加广阔的视角去看待传统和外来文化(外来文化在一定意义上也是一种传统),加深对传统的理解。从对中西古典、现代建筑形式与风格以及传统特征和规律性的认识,转向对文化渊源、心理结构、行为模式、哲学思考以及思维方式进行多方位、多角度的探讨,从而引发创作观念上的更新,建立自身构思的立足点。

建筑文化思想的渗透,对建筑创作提出多向、多层次的要求,中西文化的相互撞击、对比、融合的进程中将加速选择与淘汰。确立环境意识,探求文化上的关联,开掘建筑外延与内涵方面的意义,从而扩大建筑所容纳的信息量,摆脱过去就建筑论建筑的狭窄范围,使设计的理论、方法、评价朝向更纵深的方面发展。

总之,在新时期多元、多向的建筑创作中,各种倾向、流派并存,但为了理论导向,在发展变革过程中,每一种倾向都处在整体思潮中的不同层次,如超前、中间或滞后,分析其生命进程处于发展初期、盛期还是衰退期……在理论上有必要探讨与回答这一问题。这里要指出的是:十年、八年毕竟是历史上的瞬间,因此,重要的并不在于匆匆得出理论的结论,更不在得出的新结论丰富和正确与否,而应审视在进程中所积蓄的力量,它容纳的新例证,参加理论竞争的能力,等等。当前需要的正是这种充分的、内在的理论过程。

(原载于 1990 年第 2 期《南方建筑》)

22. 试论中小型公共建筑的创作

遍布于我国大中城镇的中小型公共建筑具有量大、面广、类型多的特点,对城镇的环境、空间面貌起着重要的作用,从一个侧面反映了城镇居民的物质文化生活水平与要求。在某种意义上,正是这些公共建筑通过规划、布局、群体组合、环境等方面,显示了城镇的各自特色,象征着一个时代的物质文明与精神文明。

公共建筑因为在功能使用上的多样性、分布的广泛性,以及设计的复杂性,它必然受所处时代的物质、技术、经济、美学思想、地区自然条件各个因素的制约与影响。对于一般的中小型公共建筑,这种制约与影响就更为显著。也正是这样,中小型公共建筑的功能与形式、新风格的形成以及理论的探讨,更值得我们认真去总结,以期进一步繁荣与发展中小型公共建筑的创作。

近年来,随着经济政策改革,对外开放,各地兴建了一批高标准的旅馆、公寓、展览等大型公共建筑。但由于种种原因,一些中小型公共建筑的创作未能引起普遍的重视,大大地有碍于创作水平与理论研究水平的提高。我们通过调查与学习各地已建成的一些较好的实例,试图分析与探讨一些理论问题,不当之处,请批评指正。

一、功能和原则

"功能决定形式"是现代建筑创作的一项重要原则。但是,运用这项原则,综合地解决建筑设计中的全部问题,则是另外一个问题。这里除了客观条件外,还有一些主观的因素,其中之一即是功能与形式的全面理解问题。以图书馆建筑为例,南京中医学院图书馆(见图22.1)在布局上打破了长期沿袭的山字形平面,采取垂直分层布置的方式,在面积不大的情况下,既解决了功能的问题,又取得了形式上的变化,完整的体形、体块与造型的新颖感。因此,建筑的某一类型,在功能变化不大的情况下,如果不在设计构思、创作方法上下功夫,是不可能有所创新的。而有些设计人员"得来全不费工夫",不同地点、条件到处搬用这一格局,致使图书馆设计面貌雷同。

南京市琅琊路小学,基地位于一狭窄的三角形转角地段上,在布局上利用底层通透的柱廊架空处理,使前院、内院取得空间上的联系与呼应,虽在功能使用上仍保持门厅、走廊、教室的布置,但在总体构思上和建筑细部处理上的精心推敲,使得小学校具有了轻巧、开朗、活泼的性格。

福州大学图书馆扩建工程,不以追求自我表现与庞大的体型取胜,而是通过内部空间的序列与旧建筑的联系和协调,达到功能的完善。

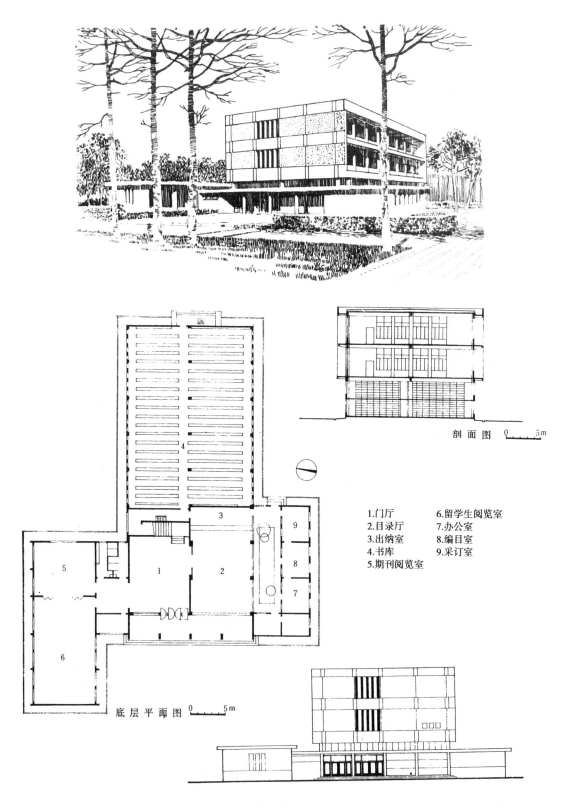

剖 面 图　0　　　5m

1.门厅　　　　6.留学生阅览室
2.目录厅　　　7.办公室
3.出纳室　　　8.编目室
4.书库　　　　9.采订室
5.期刊阅览室

底 层 平 面 图　0　　　5m

图 22.1　南京中医学院图书馆

二、形式的探索

从系统建筑观角度看,"功能决定形式"与"形式唤起功能"正是反映二律背反这一辩证思维的观点。对待功能与形式的问题,对形式的追求不等于形式主义。形式是要作探索的,为了达到目的,构思上、方法上必有所不同,但两者的目的是一致的。

唐山陶瓷展馆结合城市道路走向,采取折线形的布置,在入口处用柱廊引导并适当后退,留出前院作为人流集散与停车的场地,它以重复的锯齿形与主体展厅的体型进行对比,又注意了内部的展销流程,形成鲜明的节奏感与主从关系。这是在把握功能的基础上对形式的追求所取得的较好效果。

南京电力学校图书馆(见图22.2)位于校园的小山顶上,居高临下,视野开阔。平面采用几何图形构成手法,以三个正方形围绕一个大厅错接的布置,使阅览室、出纳室、报告厅各得其所。该图书馆借鉴了日本学习院大学图书馆的布局,但在立体造型上,以不同方向错位的挑出处理使单调的立方体有了轻盈感,并通过加强阴影、明暗效果,使整个造型具有了雕塑感。如果仅从功能的角度出发,难道这些悬挑的层次有一定的必要性吗?

三、空间的开拓

打破传统的空间形象,即一个上下周边围闭着的空间,或是严格分隔内外的场合,从内到外、内外结合,创造丰富多样的空间是现代建筑设计的一个重要特征。这些空间的感受不仅是从一个视点把握的——静的,而且是从序列、流线,随着人在空间中的移动所感受的——动的,是它们结合起来的总和。

唐山陶瓷展馆、南京中医学院留学生楼、长沙市青少年宫在门厅的处理上以楼梯连接两层回廊穿插空间的方式,形成高低层次错落的空间,打破了一般的单调盒式空间,在公共建筑内部空间处理上既注意水平方向的流线,又考虑了垂直方向的层次。又如复盖在出土后重装的古船之上的泉州湾古船陈列馆(见图22.3),在内部各个视点的布置上考虑了流线与序列。从门厅入口过桥面可仰视船体一角,登楼梯回廊可俯瞰全貌。停船处下沉地面的处理给人以船停泊的联想,空间感也更加宽广且富有一定的意境。

四、环境的烘托

建筑环境是指建筑所处的特定地段、街道、广场、河滨、风景园林以及建筑与相邻建筑的相互关系等。诸如高度、体型、体量、色调、细部等因素的协调与呼应,其他如道路、绿化、建筑小品、雕塑等的配合是创造建筑整体环境必不可少的内容。

规划、建筑、自然三位一体的空间环境设计,应考虑以下三个层次。

①从社会生产力、生产关系发展的整体。

②从自然与人工环境的整体。

③从民族的、地区的历史文化的整体。

设 计 单 位：江苏省建筑设计院

设 计 年 月：1981年12月

建 筑 面 积：3720 m²

藏 书 量：35万册

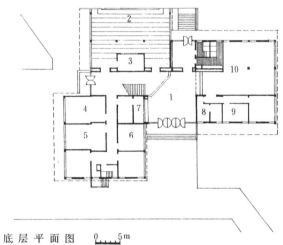

底 层 平 面 图　　0——5m

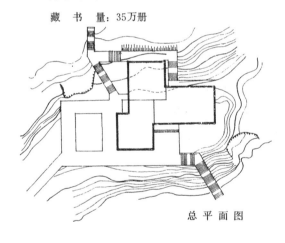

总 平 面 图

1.门厅　　6.办公室

2.演讲厅　7.登记室

3.放映室　8.暗室

4.采购室　9.复印室

5.编目室　10.报刊阅览室

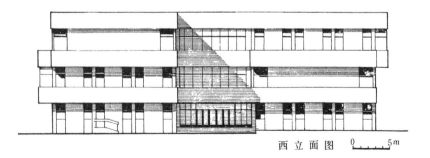

西 立 面 图　　0——5m

图 22.2　南京电力学校图书馆

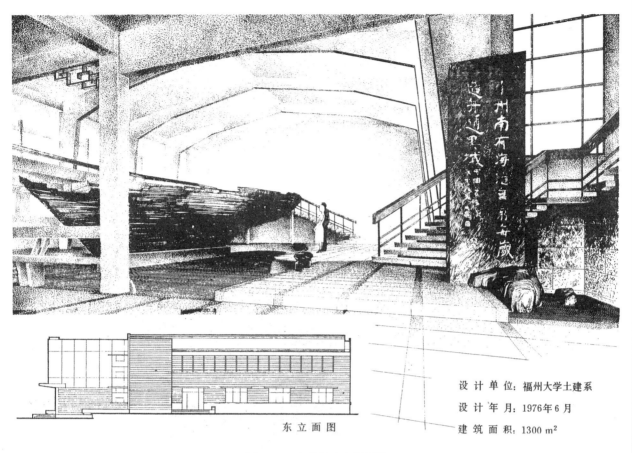

设 计 单 位：福州大学土建系
设 计 年 月：1976年6月
建 筑 面 积：1300 m²

东 立 面 图

图 22.3　泉州湾古船陈列馆

如运用古典传统手法创作的扬州鉴真纪念堂(见图 22.4、图 22.5,已故建筑学家梁思成主持设计),根据纪念堂所处的位置和环境的特点,整个建筑组群由碑亭和正殿南北对峙,以步廊相连接,庭院内花木扶疏、古柏苍翠、古朴清新、环境典雅。它与周围殿堂寺院配合得浑然一体,成为仿盛唐时期古典建筑的一个优秀实例。这有别于某些不问环境、地段,大造"假古董"之风。

南京市梅园纪念馆(见图 22.6)、桂林独山陈列室,借鉴传统园林布局手法,采用经过简化的屋面与细部处理,除使建筑群本身具有整体性外,还使建筑群处在园林风景中,成为景观的有机组成部分。

五、建筑语言的发展

建筑语言是建筑师运用一种符号系统来传递设计者的意向,在房屋建成后,让使用者遵循他们所期望的方式行事和产生所预期的心理感情活动。建筑语言是一种社会约定俗成的基础符号代码,又具有层次与纵横组合关系。从历史文脉、建筑构成、建筑与社会心理、建筑象征等各个角度进行探索,以增加设计的自由度与艺术容量,促使建筑语言的发展,这是现代建筑创作的重要课题之一。

采用构成、几何形组合设计方法以等边三角形网格为主的南京中医学院留学生楼,以六角形组合的中小学教学楼、幼儿园活动室等,对突破一般的矩形组合、丰富建筑造型起了良好的示范作用。

在装饰上,抽象构成装饰的运用(上海黄浦体育馆墙面)及简化的传统悬吊构件,兼起着装饰、遮阳的作用。其他传统的符号,如屋脊、花格窗、马头墙等变形或简化的处理,成了民族文化的标志。至于那些

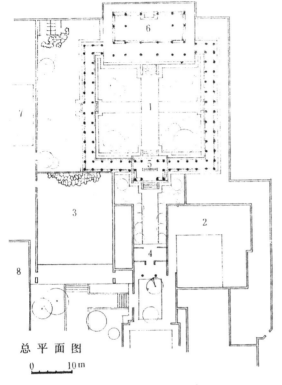

1. 鉴真院　　5. 碑亭
2. 悟轩　　　6. 纪念堂
3. 大雄宝殿　7. 欧阳祠
4. 门厅　　　8. 谷林堂

总平面图

0　　10m

图 22.4　扬州鉴真纪念堂总平面图

图 22.5　扬州鉴真纪念堂(1973 年)

横向通长窗、电梯机房及其上部的飞檐,几乎成了 20 世纪 70 年代后期的建筑标志。这种取现成以免思索、吃别人嚼过的馍的做法,似乎有泛滥成灾之势。

中国从 20 世纪开始以来,发生了从剪辫子、不缠足到扭秧歌的变化,又经历了从"忠"字舞到改革开放时代的变迁,建筑作为文化的载体之一,从西方传入的古典柱式,成了 20 世纪 20 年代一些城市主要公共建筑的模式,继而为保存国粹出现了以中国古典形式以及大屋顶为标志的"民族形式"直至所谓"国际式"的方匣子现代建筑普及……因此,在文化变革的过程中,要把建筑理论放在更大的时空范围内加以考察,既要有强烈的兼容意识,又要有自我超脱的意识,才能寻找自己在当代建筑文化中的最佳方位,方能开拓建筑思维,创造多样化的形式、方法、风格以至流派。

那种否认开放和引进的必要性的观点,实际上就是把我国传统文化予以成化、僵化和神圣化。而应科学地借鉴和吸取外来文化,使中华民族文化流动化、多元化、开放化,成为一股生生不息、奔腾不断的创造性洪流,建筑文化当然也不能例外。因此,当前在创作思想与方法上的多种倾向,如对技术美的向往,人情味的眷恋,地区、民族传统建筑语言的怀念,乡土、地域的依恋与寻根,典雅风格的崇拜,后现代的追随……是当代建筑文化流动化、多元化的反映。开放的时代、创作思想的宽容、风格上的兼容,才能多样地促进创造。

作为一般性的公共建筑创作,由于某一类型在功能上的单一性与形式多样化的矛盾,虽不可能使之

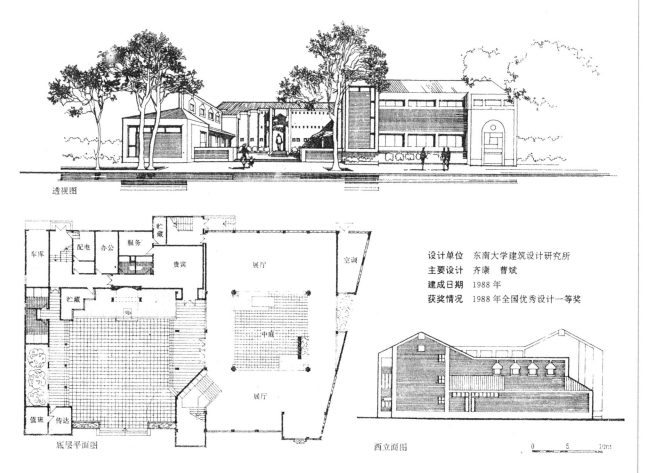

透视图

车库　配电　办公　服务　贮藏　贵宾　展厅　空调

贮藏

中庭

展厅

值班　传达

底层平面图

设计单位　东南大学建筑设计研究所
主要设计　齐康　曹斌
建成日期　1988 年
获奖情况　1988 年全国优秀设计一等奖

西立面图

0　　5　　10m

图 22.6　南京市梅园纪念馆

都成为不朽的传世之作,但应使其具有多层次、多向度的时代品格。此处,应当在因地、因时、因材的条件下,通过主观的努力,做到环境、功能、经济、技术、形式、单体与群体的整体优化与高度统一。

（原载于 1987 年第 2 期《中州建筑》）

23. 建筑设计教学思维模式的探讨

建筑学专业教学计划中,建筑设计作为一条主线,从一年级"设计初步"开始,到四年级完成毕业设计,四年中设计教学占去总学时的2/3左右。设计教学将为学生今后的科研、设计、教学等工作打下一个专业知识与技能的基础,又为他们在前进的道路上提供了知识不断更新、在设计方面具有创造性的学习方法。即既要"学会",更要"会学",才能使他们在专业方面不断开拓新的领域。

四年中,对建筑设计的选题在功能、规模、技术、环境、造型等方面,从简单到复杂做了十几个课题。虽然围绕这条主线的专业基础课和技术基础课,在课程内容、设置方面有所更新和补充,但在思维模式方面仍沿袭着传统的封闭式"师傅带徒弟"的方法。学生在进行方案设计时模仿的多,创新的少,分析讨论的少,思维发散的少。有时做设计一方面感到无从下手,另一方面又易犯东拼西凑、冥思苦想或牵强附会的毛病,不利于培养学生分析问题、解决问题的能力。

因此,我们试图在四年的设计课教学中,在课题选择、理论讲授、改图、评图等方面,从整体构思出发,抓住各个环节,对教学程序、内容、方法以及教与学两个方面逐步建立起科学的体系和思维方式,从而加速提高人才培养的质量。以下就结合对几年来的教学实践的回顾与改革设想,谈谈一些看法,不当之处,请批评指正。

一、模仿与创造

建筑设计方案是一种逻辑思维与形象思维的产品,应当把开发学生的构思能力放在重要的位置。设计构思贵在创新,而创新能力的培养又赖于发散式思维,使学生尽快地从模仿中解脱,处理好模仿与创造的关系。

从某种意义上说,学习是一种模仿,这种模仿应是扩大知识面,加强理论性与分析性能力,并使知识的积累与创造性思维处于一个恰当的、前后交叉、同步或反复的过程中,这还需要改变与摆脱设计教学单纯模仿的思维模式,使创造力的培养立足于不断丰富与积累知识、经验和技能的基础之上。

近两年来,对建筑专业训练的第一课——设计初步的讲课与作业,除讲授建筑概论外,在作业的安排方面,逐步改变以练习、照示范图描图、渲染等基本技能为主的训练,加强与充实构成设计的训练,通过抽象的点、线、面,使形态规律的学习创造出多变、有趣、巧妙的平面设计与空间造型(见图23.1至图23.4)。这将有利于活跃学生的创作情绪,培养对形、形象的构成能力和审美判断能力,提高空间知觉与想象力。这种对造型"抽象-具象-抽象"的认识,促使了对形象本质的认识,缩短了对形态规律认识的周期,并对今后的形象思维与逻辑思维的发射起到潜移默化的"思维定势"作用。

二、加强理性的教育

过去设计课的教学往往"就题论题"零碎地、片断地讲授设计理论,不恰当地强调学生只要题做多了,

图 23.1 平面构成之一（郑州工学院 88 级
建筑学：申华蓉）

图 23.2 平面构成之二（郑州工学院 89 级
建筑学：郑红）

图 23.3 平面构成之三（郑州工学院 89 级
建筑学：佚名）

图 23.4 立体构成

"实践"多了，自然也就会了。但学生真要"悟"出设计的"道"，却要走过一段漫长的道路。为使学生得到一个系统的知识结构，必须分阶段地、由浅入深地从概论到设计的一般原理、构图理论、近代设计方法等方面加强学习，同时通过建筑与社会、经济、民族、地区的联系，以及从建筑的历史与现状，国内、国外的比较与发展等诸关系中使认识得到深化，并联系现实生活认识建筑专业的地位、建筑师的职业特点与责任，这样尽可能较快地使思维方式建立起整体性的特点，并在一切联系与中介中去把握客体，掌握思维振荡的幅度，加速培养学生的设计创造力（见图 23.5）。

过去我们把建筑设计缺乏创新的原因往往归结为构思能力的贫乏，教师有的满足于灌输式的辅导方法，不善于抓住学生设计构思中的"闪光"，更重要的是没有对学生构思能力的培养从系统角度去研究和安排，也是对思维和信息加工方式认识的片面性所致。上面所说的构思的"闪光"不是唯心的灵感，而是对所掌握知识的积累与理解，技能熟练才能加速认识上的萌发与飞跃。在教育过程中，把发散性思维与收敛性思维这两种不同的信息加工方式进行必要结合，可以使学生的创造才能得到发展。此外，在加强

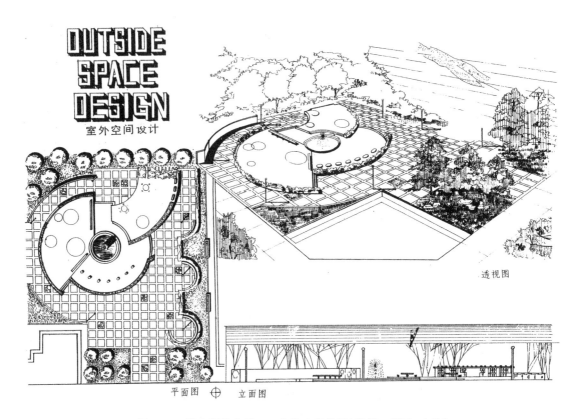

图 23.5　学生设计实例——室外空间设计（郑州工学院：李伟）

理性教育的同时，应开辟第二课堂，如举办学术讲座、艺术作品展览、音乐欣赏，等等，这不仅使学生扩大了眼界，丰富了文化生活，又使新的信息不断得到充实与传递。我们邀请外校的专家和新、老教师开展学术讲座、举办美术作品展览等，尽可能地为学生安排一个开放、奋进、热忱的教育环境。

三、面向四化、改革设计裁决

一场新的技术革命依赖于信息、智力与知识，而且它引起的知识结构的更新、观念的变化节奏也将会越来越快，这也势将影响建筑教育的各个方面。在设计教学的改革中，一方面要结合建筑设计课自身所具有的形象性、综合性、创造性的特点，并使三者在设计实践的基础上统一起来；另一方面明确设计课在本专业中的地位，建立起纵、横、立坐标的体系，以扩展思维的时间与空间领域。

在纵的方面，从课题选择、设计深度与广度，到职业技能以及联系实际、面向四化等方面注意节奏的变化。过去不分年级，设计的慢题占了大多数，对每个课题的目的、重点缺乏明确的要求，学生在时间安排上往往是前松后紧，在交图时"开夜车"，把主要精力放在正图的加工上。因此，首先调整每学期快、慢题的安排，增加快题数量，突出"速度"，以培养学生快速反应构思，抓住重点，解决主要矛盾的能力。其次，明确各学年、各阶段的课题要求，使之前后衔接与连续，摒弃那些对随后学习无用的东西。

在横的方面，注意各个学科的内容、形式、方法与专业课的配合，从而在综合性上下功夫，培养学生的综合能力。在四年的学习中使专业基础面得到拓宽与充实，在学科上对于人文科学、社会科学与技术科学三方面，既有必修也有选修，并使学生有所侧重，如一年级的语文选修、艺术概论、电算应用、建筑摄影以及表现技巧，等等。

在立的方面,使学生通过设计学习进一步认识专业知识的多样性、层次性,从而使他们能主动地去探讨学科之间的交叉、相互渗透、迁移、运用及借鉴的途径。为使学生在实践环节上达到上述目的,我们都将第四学年两个学期改为"二长一短"的安排。即大三下学期暑假少放一个月,大四上学期增加一个月,加上原计划一个月的生产实习,作为三个月的短学期,延长生产实习周期。

在生产实践中,组织学生到设计部门进行短期实习,一则使学生了解生产的程序、各专业的配合、设计资料的运用、施工图的绘制,二则使学生对方案设计付诸实施过程的复杂性、现实性加深了认识。平均每组安排4~6名学生,在实习期间能完成一个中等工程项目的建筑图纸(见图23.6、图23.7)。

此外,有选择地组织与结合设计竞赛和招标进行设计教学,进行真题真做的生产实习以及毕业设计是推动设计教学改革的一个重要方面。

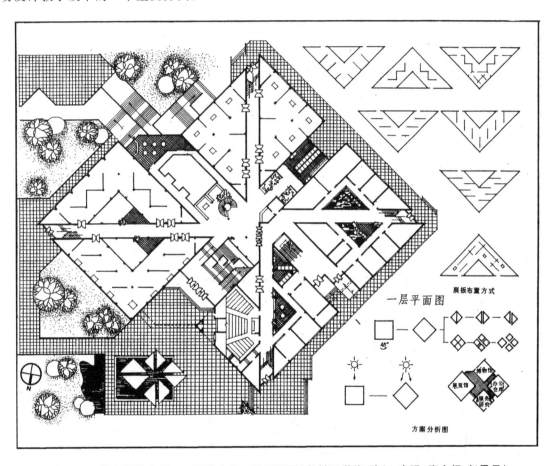

图 23.6　学生设计实例——展览中心一层平面图(郑州工学院:陈红、李强、张东辉、赵霍旦)

如83级第二学年的设计课题,为配合省内农村住宅竞赛,改变了原有课题,组织学生进行农村调研,结合教学一共设计了十余个方案。此外,82级学生在学习农村住宅设计的基础上也报送了十余个方案(见图23.8、图23.9)。在省、市评选中获优良、佳作奖共十二项,推荐参加全国赛后有一个方案获三等奖,一个获佳作奖,取得了较好的成绩,得到了有关部门的好评。

如81级在四年级上学期参加省内大型公共建筑——河南饭店的设计方案招标活动,在工作量重、规模大、时间紧的情况下,学习与招标的任务是艰巨而繁重的。河南饭店的设计要求包括1200间客房楼两座、3000座的大小餐厅,以及对外服务的商场、餐厅、工程技术服务用房。总建筑面积约8万平方米,我系

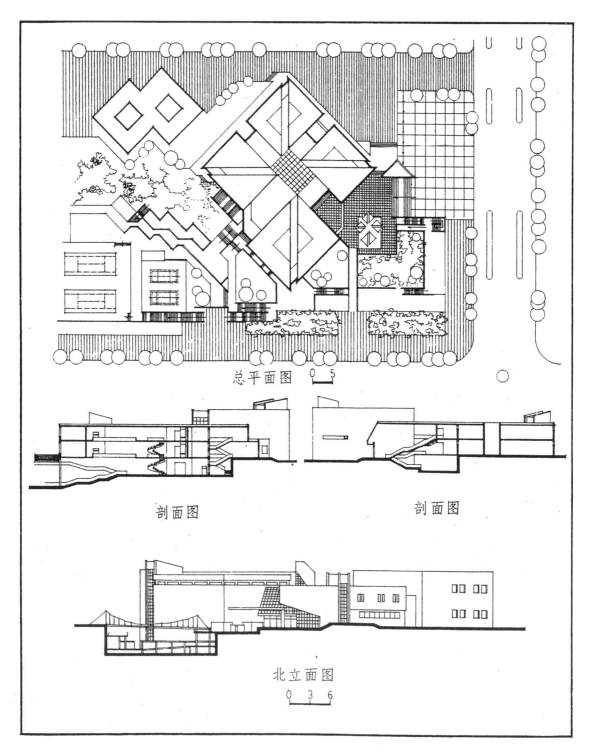

总平面图　　0　5

剖面图　　　　　　　　　剖面图

北立面图

0　3　6

图 23.7　学生设计实例——展览中心平面图、剖面图、立面图

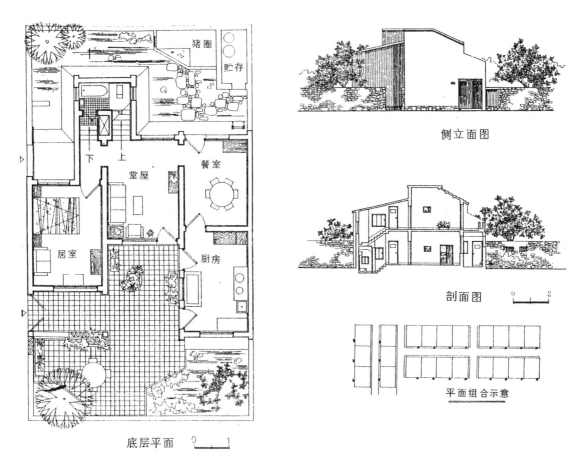

猪圈

贮存

下 上

堂屋

餐室

居室

厨房

底层平面　0　　1

侧立面图

剖面图　0　　2

平面组合示意

图 23.8　学生设计实例——农村住宅设计方案之一

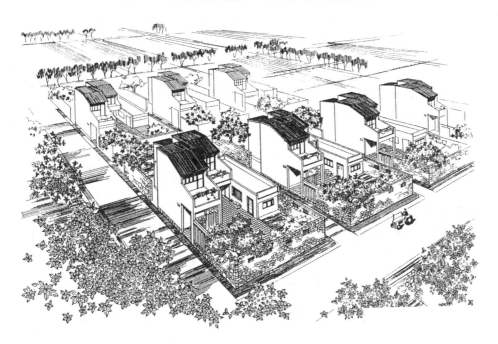

图 23.9　学生设计实例——农村住宅设计方案之二（郑州工学院：张建涛）

报送了 4 个方案。在省内 6 个设计单位的 17 个方案中,经评选中选的两个方案均出自我系,并以其中之一进行扩初设计。

在教学过程中,我们从大型旅馆设计基础知识讲授入手,着重分析与讨论了国内外近年来新建大型宾馆的设计经验,抓住河南饭店在任务性质、总体布局上的特点,引导与启发学生的构思能力。在每一个学生方案修改、分析的基础上加以归纳、合并及深入发展,进一步加强了学生对建筑综合性、复杂性的认识。此外,组织了有关高层建筑结构、建筑设备知识的讲座,使方案不仅在群体组合、空间环境、功能关系上得到了改善,而且使其具有一定的实际与科学内涵,增强了学生的技术观念,如防火、交通、设备、抗震等要求。在方案设计过程中,采取了草图与工作模型相结合的方法,改变单一的草图到草图的"平面"做法。通过建筑方案的工作模型,使功能、技术、空间造型、环境得以在整体上加以体现,有利于方案的深入推敲,也有利于掌握设计进度。

我们感到,在教学安排中,面向四化、面向社会、积极参与实践性的教学环节是培养与提高建筑设计人才素质、品德、事业心的良好手段。

①结合设计招标、竞赛或方案的措施,可以通过社会鉴定,提高教学质量,激发学生学习的主动性、积极性。如在农村住宅方案竞赛中,学生通过社会调查,对了解与认识当前农村的政策、改革、形势起了积极的作用。

②教学与实践不同层次的结合,有利于激发学生从实际出发,分析已掌握的理论,而不是单纯去说明、规范事实,在实际课题的环境中,使思维不断向外发散,大大改善了过去在狭窄圈子中迂回的情况。

③设计院与系结合,教师与设计人员共同参与生产设计教学,这将改变"助教-讲师-教授"的旧式单向循环,使学校与社会、理论与实践相结合,促进人才的交流与成长,推动科研的发展,使两支队伍相互渗透、更替,以形成一支强大的既有理论水平又有实践经验的师资队伍。

④有利于人才非智力因素学习心理品质的培养,在生产实践的教学中,在教与学广泛的接触与交流中,加强学生对个性、意志、品质以及道德、情感等方面的了解,有利于教书育人。同时教师的工作热情、良好的态度与责任感也会不知不觉地感染和影响学生,使学生得到熏陶。在教学过程中,方案的讨论、合作以及专业之间的配合,能培养学生善于合作、相互尊重、关心集体的良好品质。

教学改革是一项长期而艰巨的工作,探索仅仅是开始,为实现"三个面向",还应做出更大的努力。

(原载于 1986 年第 5 期《中州建筑》)

24. 河南饭店设计方案选介

1984年下半年由省机关事务管理局组织河南饭店建筑设计方案招标活动,参加竞标的有省、市设计院,驻郑部属设计院,高等院校等共6个单位的17个方案。这是我省第一次对大型公共建筑的设计组织招标活动,任务重、时间短、投资巨、要求高。经组织评选确定郑州工学院土建系的两个方案中标。中标的设计方案将报请省政府审定后进行扩初及施工图设计。本文对参加招标的一些方案作一选介与简析,以供参考,不当之处,请指正。

一、简况

位于郑州市行政区中心的旧河南饭店是20世纪50年代初期逐步扩建的会议招待所,原占地面积共38.5亩,总建筑面积约24000 m²。现有客房480间,总床位数为1200个。由于建筑年代较久,规划布局零乱,扩建困难。建筑内部设施、装修陈旧,标准过低,远不能满足省内大、中型会议的需要。为使饭店与新建的3000座的人民大会堂配套使用,适当改善会议接待条件,拟在旧址进行规划改建。

新建的河南饭店的具体要求是:拥有1200间客房,部分客房设置3床,共有床位3000个;相应地配置为会议服务的餐厅、厨房、公共服务用房等;其他如对外商场、餐厅也应作适当的安排,以利经济收益。总建筑面积控制在75000~80000 m²。规划要求分两期进行改建,首期工程应不影响部分旧建筑的继续使用,以利会议招待的安排。

此外,为新建饭店服务的室外停车场地、车库、配电、锅炉、洗衣房、冷库等均应在规划中予以妥善布置。

二、环境

建筑基地是平坦的南北长、东西短的狭长地块。三面临街将有利于根据功能要求分设各个主次出入口,如旅客总出入口、总务供应出入口、对外服务出入口等。

基地的东南角为行政区的主要交通广场,四周有20世纪70年代后期新建的人民大会堂、紫荆山百货楼以及20世纪50年代建的省博物馆等。这些建筑占据了各个主要干道交叉点或转角处的重要地段,显示了各个时期的建筑水平,因此,新建的河南饭店必须在群体关系与建筑风格上既要协调又要有所创新。

在建筑高度上由于受航线的要求,应控制在55 m以内。在南侧红线上要后退约30 m,与河南影院平齐。因此,这些条件给较紧张的用地、层数带来布局的困难。

三、布局

这次参加招标的多数方案,以特定的总体条件、规模、设计要求为依据,从大型会议旅馆的功能出发,紧紧抓住空间、环境、体型等基本要求进行多方面的探索，以期解决旅馆建筑一系列较为复杂的设计问题。一些方案的共同点大致可归纳为以下几点。

①主要的旅客总出入口大都选择在次干道上，与转角交通广场保持一定的距离，以减少广场的人流、车流以及相互之间的干扰。主入口一般也较明显易见。其他商场、对外餐厅、总务出入口的位置也各得其所，出入方便。

②商场、对外餐厅布置在两干道转角地段的较多，方便顾客采购、就餐，有利于活跃该地段的商业气氛。

③对分期建设做了较细致的安排，使各期建筑均可配套使用。

④注意了内、外空间的结合，如庭院的处理、室内公共大厅的功能、景观诸方面的要求。在体型上力求塑造新颖的建筑形象以打破单调的矩形体型及外观。在层次上注意了高低错落，体现了多样化与造型上的创新意识。

⑤考虑了饭店的主要任务是接待大、中型会议，人流比较集中，无论是就餐安排，还是会议室数量，均不同于一般旅游宾馆。

四、体型

客房的标准层设计是决定建筑体型的关键，也在功能上对旅馆使用、舒适程度、客房朝向起着决定性的作用。因此，体型的创新必须基于这一根本条件，离开它无疑会使功能与形式发生颠倒的关系。这次招标方案的标准层平面体型有三角形（等边、等腰三角形）、折线形、Y形、方形、台阶式（见图 24.1 至图 24.6），等等。

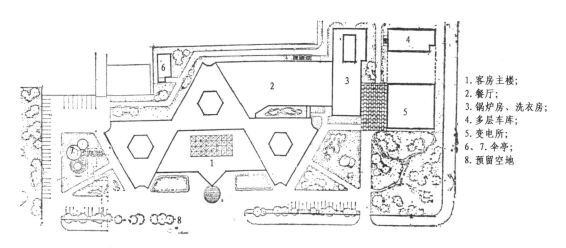

1. 客房主楼；
2. 餐厅；
3. 锅炉房、洗衣房；
4. 多层车库；
5. 变电所；
6、7. 伞亭；
8. 预留空地

图 24.1　6 号方案总平面图

折线形平面（中标方案之一，见图 24.7）打破了一般一字形的处理手法，其优点在于扩大中段部分，采用双走廊布置两侧客房，把公共楼梯、电梯间、公共用房集中于中部，在有限的东西长度上布置较多的南北向客房。二组主楼与副楼（侧翼）逐步升高，使广场与低层体型向高层主楼逐步过渡并取得呼应。

在进行图 24.5 所示方案的扩初设计时，据评委会及甲方的意见，在保持南北主楼的布局、体型、出入口位置的基础上，作了如下的修改。

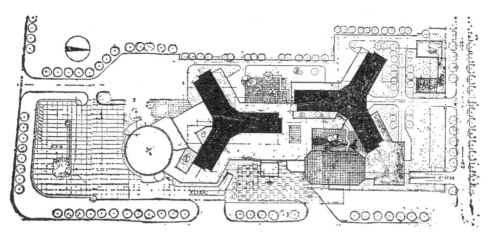

图 24.2　3 号方案总平面图

图 24.3　3 号方案建筑模型

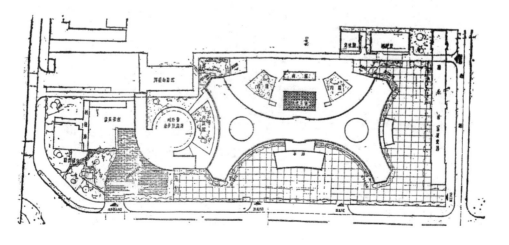

图 24.4　13 号方案总平面图

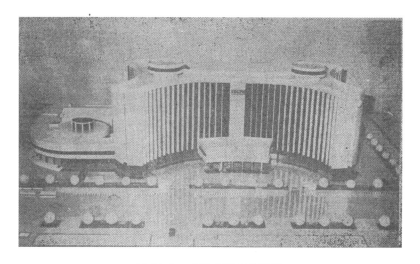

图 24.5　13 号方案建筑模型

图 24.6　6 号方案建筑模型

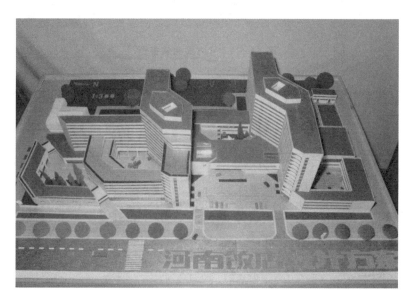

图 24.7　中标方案之一

①取消了南楼部分东西向伸展的客房侧翼,客房不足部分将增加北楼层数以补充。

②扩大对外商场、餐厅的规模,在体型上仍应注意对南楼的遮挡。

③取消大厅上部及后部的餐厅布置,一则使大厅空间高敞,层次丰富,同时使大厅西部可作内部庭院布置,扩大大厅纵深感并表现景观效果。

④调整了内部餐厅大、中、小的搭配,有利改善就餐气氛和今后改作不同的风味餐厅。

⑤主楼标准层客房、电梯厅位置变更了方向,使人流较为顺当、便捷。

⑥地下车库设于大厅地下两层,既便于车辆进出,又降低了这部分的造价。

以相扣的两个三角形作前后两组的布置(中标方案之二,见图24.8、图24.9),在体型上前楼稍低于后楼,使之有层次感,三角形的一个主面朝向东南广场,使主面的客房具有广阔而良好的视野。主面的玻璃幕墙,使周围建筑群体、环境得以映现而取得群体之间的联系,造型较为新颖而有一定的时代感。

图 24.8　中标方案之二(一)

图 24.9　中标方案之二(二)

后组的主要玻璃墙与入口斜三角面的大片玻璃雨篷浑然一体，并与内部多层公共大厅内外结合，使空间相互贯通。但在大面积做斜的玻璃雨篷的眩光、防水、材料等方面，还有不少需解决的问题。

Y形、十字形平面由于垂直交通集中，旅客人流及服务路线简洁、明确，而成为旅馆客房标准层常采用的形式。但由于受层数、建筑总高度的制约，采用Y形的组合或并联，因体量过大都显得过分臃肿。

其他如S形、台阶式、一字形的体型在朝向上和结合环境方面欠妥。分散的独立分幢行列式布置虽有利于分期建设，但对大型旅馆的内部联系及统一管理带来不便，而且使旅馆建筑在性格与外观上缺乏新意。

随着对外开放、对内搞活经济政策的进一步贯彻，第三产业兴起，现代化旅馆的建设必将在我省、我市得到进一步的发展，而创作、设计现代化的旅馆，上述的几个方面仅仅是一部分的内容与要求，不少课题将有待于在实践的基础上不断地进行总结、提高。这次招标活动必将为推动我省设计水平的提高，相互学习、交流起到应有的作用。

（原载于 1985 年第 2 期《郑州工学院学报》）

25. 建筑的空间美

建筑是人们所创造的生产和生活的空间,同时又开辟了建筑所处的外部空间,这一外部空间即通常所说的建筑环境。建筑、空间、环境一方面要满足人们对物质功能的需要,另一方面要满足人们对精神审美的要求。

建筑作为一种物质产品,它以其功能服务于实用的目的,取决于不同社会物质资料的生产方式,以及它在功能上和人们物质与精神生活的联系,发生的一定功利关系。例如,随着建筑材料工业和工程技术的发展,人们在功能上越来越多的要求和需要才有条件变为可能,容纳万人的体育馆、大会堂才能得以修建。因此,就建筑的社会性而言,社会物质资料的生产方式、社会的经济基础是构成建筑基本的、主要的条件之一。

建筑又作为一种精神产品,反映出建筑所处时代的意识形态,倾注着社会的思想、感情与意志,以至哲学观。在阶级社会中,建筑作为社会的物质财富总是掌握在统治阶级手里,建筑所反映的时代意识也往往是统治阶级的思想意识占了主导地位,这就是建筑的阶级性。因此,建筑既受到社会经济、结构技术、材料诸方面条件的制约,也表达了社会的意识形态与建筑艺术的特点。建筑的创作与产品具有物质与精神、理智与情感、科学与艺术的两重性,这些两重性相互联系、相互制约,辩证地处在建筑统一体内,构成了建筑内、外空间的表现力和建筑美的基础。

对于建筑美的不同理解与观点,导致了各不相同的建筑创作观,如"功能合理即是美""结构技术的美""建筑形式的美",等等,产生了众多的建筑风格与流派。

现代建筑把建筑的空间处理作为对建筑美的追求,用"房屋处于空间之中"代替了"空间处于房屋之中"的原则。不少建筑学家、美学家对建筑空间有着精辟的见解与论述。例如,"了解怎样去观察空间、掌握空间是认识建筑的钥匙";"建筑是以空间来反映时代精神的";"西方人传统的情形是关切围绕在结构或形象周围的;相反地,东方人却更关切所围绕空间的性质以及这些空间对去经营它的人所产生的智慧及情感方面的影响"。

马克思指出:"空间是一切生产和人类活动所需要的要素。"这要素又是"按照美的规律而造型的"。

因此,从这个意义上,把建筑看作是处理空间的艺术,把对建筑空间美的研究聚焦在建筑的空间关系上,即建筑被围合、所划分或组合的空间,这不仅是现代建筑的设计手法之一,而且是探讨建筑空间美的重要途径。

西方古典建筑受生产力的束缚,材料的单一、技术的局限和结构条件的贫乏,致使内部空间被缩小在厚墙、粗柱、跨度狭窄的范围内,加之生活内容与需求的狭隘,建筑功能的表现也极为单纯。这一切阻碍了对内部空间的探索。

以石梁、石柱、石墙所构成的空间狭长而封闭的古希腊建筑,较多地通过柱式、装饰细部表现它的艺术特质。古罗马人发现了天然混凝土,建造大跨度拱券形成庞大、完整而单一的静态的内部空间,使空间表现力有了进一步的发展。

哥特式(又名高矗式)教堂,以"化整为零"的手法,典型地把石柱划分成纤细的小柱,加强了长细比,这种形式与结构的巧妙结合,创造了高耸、向上的空间感,表现了超脱尘世的基督精神。

恩格斯曾经对哥特式教堂内部空间及其感染力以这样的语言赞美它:"在这里,在这个教堂面前,我感到了从来没有过的建筑风格的力量,高矗式教堂给人以一种庄严、威武的印象,于是乎只能深深地感到,如果一个世纪能全力地服从一种伟大的思想,它就能完成什么。"

中国古典建筑以群体组合,层层院落的逐渐展开,明确的轴线,严格的对称,追求礼仪与形式,讲求排场的内外空间为特征;而在古典园林中,却以追求自然情趣,使建筑与自然环境融合,化有限面积为无限空间的处理,创造了"多方景胜,咫尺山林"的园林空间。前者以明确的秩序感,表现了帝王神灵的威严、至高无上的权威以及森严的封建等级制度,而后者曲折幽深、婉转含蓄,寄托了文人墨客的诗情画意。因此,反映在建筑艺术意境中激发人们感情的恰恰是建筑的空间,它的表现力,这些感觉形式的外延范围与方式则更加显示了它的广阔与丰富,如寺庙的神秘、深邃,殿堂的华贵、庄严,亭台的精巧、俊秀,民居的亲切、质朴。

建筑在历史的长河中作为一个国家、一个民族的文化的组成部分,体现着一个时代的物质文明与精神文明,表现为内外空间处理、风格特点、细部装饰等都有着鲜明的个性与特色,这种个性与特色是空间的力量、空间的美,这也是建筑作为艺术区别于其他造型艺术——雕塑、绘画的重要标志之一。同时,还必须看到,作为社会文化有其传统性的一面,民族的作风、气质还需要得到延续和发展,但绝不能故步自封,停滞不前,无视科技的进步,无视时代的脉搏,仅着眼于承袭空间传统形式,用继承代替创造,就必然会走上形式主义或僵化的道路。

在建筑的空间美中融聚着环境美、自然美,这是我国建筑艺术的一个重要特征。运用建筑空间的处理手法通过不同建筑类型的配置、点缀,空间之间的联系、分隔、对比、转换,空间尺度的推敲与界定,最终形成一定形状、大小、色彩与质地不同的符合功能要求的空间,符合所期待的意境与构思。

为了突破内部空间的局限,采用了丰富的建筑词汇,在具体构件上,隔扇、门、窗沟通室内和室外的视觉联系,扩大了室内的空间观感。至于门、窗的艺术形式,更是不胜枚举了。檐廊、回廊作为内外空间的过渡,划分了庭院空间的层次,丰富了庭院空间的景色,这可以说是空间处理"有形"的一个方面;而至于另一"无形"的方面,表现为内外空间的贯通与呼应,空间的流动与延伸,空间的收放,以及通过衬景、借景、对景达到建筑、环境、自然的有机联系与协调。

"一方天井,修竹数竿,石笋数尺……风中雨中有声,日中月中有影"的虚灵的诗与画、动与静结合的空间,体现了传统住宅院落空间的美。

"轩楹高爽,窗户邻虚,纳千顷之汪洋,收四时之烂漫",这是建筑与自然因借之美。

闻名世界的北京故宫,以矩形为主的单体建筑造型,近乎一律的处理,但院落形状、方向、封闭、开敞不同,一层层、一进进,如果你漫步其间,在时间持续的同时,整个建筑群的空间轮廓、光影步移景异;空间与时间、重复与变化达到了高度的统一,昔日三大殿咄咄逼人的气势随着封建王朝的崩溃而消失,但它们所表现的某种神圣、庄严的艺术形象与力量,仍给人以深远的遐想。

苏州留园在对由大门通向园林的冗长通道的空间处理上,运用一系列紧凑的,大小、方向不同的空间作为先导,通过较为开阔的主体建筑院落与山池景色之间的对比来烘托园林主题,这是一种欲"放"先"收",欲"扬"先"抑"的手法。空间的纵深层次随着空间的虚实、明暗,以及时间的推移,顺序地逐步展示出来,人们总是怀着一种期待感,等着重点和高潮的来到,从而强化了建筑空间的艺术感染力。

一些传统的建筑类型,如亭、台、楼、阁、廊、榭、庑、门、塔、桥……不仅以其建筑造型的多彩多姿而显示特有的东方建筑美,更以其巧妙的配置、组合,在与环境或大自然的融合中映射出和谐的美,构成了富有个性的空间意境,引起人们的共鸣与联想。我们可从前人留下的大量诗篇中所抒发的对建筑、环境与自然的赞美,进一步感受到风景的美、文物的美、建筑的美。

美学名家宗白华先生在其论著《美学散步》中曾以较大的篇幅论述了中国古典建筑艺术的美学思想,使我们对创造建筑的空间美获得颇多的教益。

在山水间设置空亭一所,可成为山川灵气动荡吐纳的交点和山川精神聚积的处所。如诗云:"群山郁苍,群木荟蔚,空亭翼然,吐纳云气。"

塔,这种外来的建筑形式传入我国后与传统的亭台楼阁相融合,点缀了祖国河山,无论是雄伟、稳重、庄严、大方的北方塔,还是玲珑瘦削、轻巧秀丽的南方塔,一旦糅进了民族的空间意识,便成为山水美与建筑相结合的典范,成为凝聚着建筑、空间、环境的美,表现了鲜明的中国的气质与风格。

"发地四铺而耸,凌空八相而圆"的嵩岳寺塔,深厚、秀丽、富于曲线的造型与嵩山浑然一体,主题鲜明。

钱塘江畔的六和塔,以它镇风定波、威镇江滩的雄姿,千百年来屹立在这柔媚缠绵的江南自然风光之中。

镇江金山的慈寿塔,耸立于山顶之上成为"插云金碧虹千丈,倚汉峥嵘玉一峰"。遍布于我国的一些大小城镇,以其特定的自然环境与人工环境的配合,通过各种建筑类型的巧妙配置,开放或封闭的街道、广场,构成了各具空间特色、风格迥异的城市空间,反映了我国悠久的历史传统,时代、民族、文化的精神气质与倾向。

"不出城郭而获山水之怡,身居闹市而有林泉之致"的苏州姑苏城,真是"君到姑苏见,人家尽枕河,古宫闲地少,水港小桥多"。

其他类似的还有"四面荷花三面柳,一城山色半城湖"的百泉之城济南;"云护芳城枕海涯"的滨海城市青岛;"十里青山半入城"的江南琴城常熟……

无论是通过建筑的台阶、栏杆、漏窗、镜屏、帘幕、小品以吐纳自然、人工景物这种移远就近、由近知远的空间意识;还是登台临塔,极目眺望,网罗天地于门户,饮吸山川于胸怀的空间意识,都通过空间的分、隔、借、填,也就是借景、隔景、分景,达到布置空间、组织空间、创造空间、扩大空间的目的,从而丰富了对建筑空间美的感受,得到深隽、恢弘而含蓄的艺术意境。

研究美的形态之一——建筑的空间美,除了研究通过感性形象所表现出的社会美,还必须研究它自身的规律,创造空间形象的特殊表现手段与方法,这和其他艺术表现形式一样,具有相对独立性。它融合、渗透着创作者的思想与情感、理智与技巧,要认识建筑空间的处理规律——主次、虚实、曲直、宽窄、明暗、间歇、动静、通透、流动等。

古代建筑艺术的创造,它不仅是珍贵的历史遗产,而且与文学、艺术有深厚的渊源和息息相通的美学意境。"匾额""对联""题咏"等文学手段与建筑的结合,不仅是中国建筑特有的艺术装饰,而且更重要的是对所处的环境、空间起着画龙点睛的作用。加之，散诸于历代文选的名篇佳作，或诗情画意地描绘，或怀古忆旧地低回吟唱，或气势磅礴地感怀抒情，都道出了此时、此地、此景的艺术构思，把我们带进了这空间的优美意境，扩大了视野，领略了建筑空间的美。

正因为如此，我们对建筑空间美的欣赏和对空间艺术感染力的接受，总是伴随着人的认识活动而出现。需要对空间具备一定的感受与理解，不能脱离建筑空间所反映的特定环境、功能使用要求与所表现思想的影响。

建筑空间美借助于诗篇，加强了客观存在的艺术形象，渲染了建筑空间美的感染力，使建筑空间美得到进一步的发掘，它的价值也得到进一步的肯定。

寻研建筑空间美的意境结构，窥探中国建筑空间美的艺术特征，更是为了展望与追求新时代建筑的空间美。正如希腊哲人对人生的指示"认识你自己"，近代哲人对我们说"改造这世界"。为了改造世界，我们先得认识世界。`

（原载于 1985 年第 1 期《中州建筑》）

26. 郑工科技报告厅建筑设计

郑州工学院科技报告厅（见图 26.1 至图 26.3）位于校园教学区中心。除有容纳 400 个座位的大厅外，还设置接待、休息以及电化教学、视听设备的用房（如监听室、放映室等）。建成后，在视听、空间造型方面反映较好。现将设计上的想法作一介绍。

图 26.1 郑州工学院科技报告厅外景（一）

图 26.2 郑州工学院科技报告厅外景（二）

①报告厅的主体是 20 m×21 m、近似方形的平面（见图 26.4、表 26.1），座位自第四排起（中部）逐排平均升高值为 12 cm，考虑到两侧座位的视角要求与获得良好的自然声，避免黑板、银幕的眩光，在前跨作 45°斜墙反射面，分出的面积作接待室厕所的前室。报告厅的南、北布置 2.4 m 宽的侧廊，在控制厅的长度、缩短视距的情况下可增加活动座位，扩大容纳人数，这种侧廊的布置打破了通常矩形大厅的单调空

图 26.3　郑州工学院科技报告厅内景

间，使大厅空间在水平、垂直方向上有了层次感，侧廊与室外楼梯自基座外墙悬挑，丰富了建筑轮廓，体型亦显轻巧。

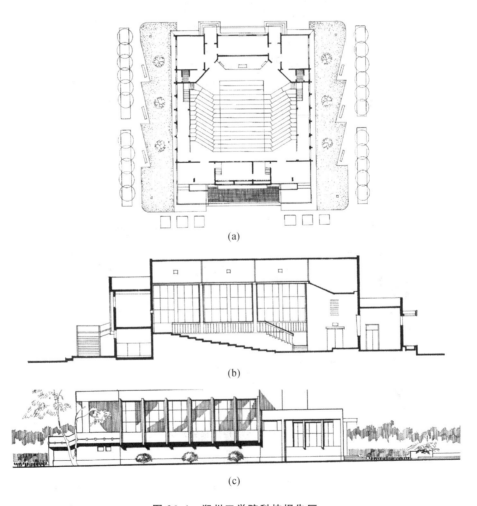

(a)

(b)

(c)

图 26.4　郑州工学院科技报告厅

（a）平面图；（b）剖面图；（c）侧立面图

②报告厅基地处在教学楼、图书馆所包围的空间中。因此，在建筑长度、体型与尺度方面，既要避免中部庭院过分狭窄、拥塞，又需对新建图书馆保持一定的视距。在设计时，除着眼于报告厅本身的建筑布局外，还力图使它的造型、体量、轮廓能融合于这个大空间之中，使它成为教学区庭院空间中的"室内设计"。教学区中心建筑群周围的道路、绿化、庭院进行了统一布置，空间的相互交织、色彩、质感的呼应，以及花卉、树木、建筑小品的配合，使建筑群体效果较好。

具体的手法是在报告厅两旁布置带锯齿形的步行道，并与中部稍稍抬起的活动场地、花池与车行道相分离。其他如地面图案、庭院灯具、座椅等在可能的条件下加以处理，构成了校园的"园中之园"。

③由于现代科技具有多样性、综合性的特点，且电教设备发展迅速，因此，报告厅考虑配置一些基本的设备及用房（如幻灯、电影放映、投影书写仪、透射银幕等），但对闭路电视、录像、灯光等限于条件未作更深入的研究。

报告厅的音质情况，经计算和实测混响时间稍长。电声是在两侧斜墙布置两组声柱，每组由 8 只高 16.5 cm 的扬声器组成，长 1.5 m，离地 3.3 m，俯角 12°。在两侧廊前端设两只小号筒，以弥补该区声量的不足。除在后墙做大面积吸声处理外，其他如顶棚、斜墙、讲台上部斜面等均做硬性材料反射面处理。以利 1/20 s 内的早期反射声，能够增加直射声的响度，从而提高语言的清晰度。测试情况如下。

a. 空场混响时间如图 26.5 所示。

b. 声场分布测量，前后排声场不均匀度在各频率上为 5 dB 左右，声场比较均匀。

c. 语言清晰度测验，根据 32 人记录表统计，结果为 82%，符合要求。

d. 平均每座建筑面积指标偏高，为 0.8～0.99 m²。

表 26.1　郑州工学院科技报告厅相关设计参数

总建筑面积	786.16 m²
排数	16
排距	0.90 m
座位数	468～580 *
人均面积	1.38～1.68 m²

注：* 为增设临时座位时容量。

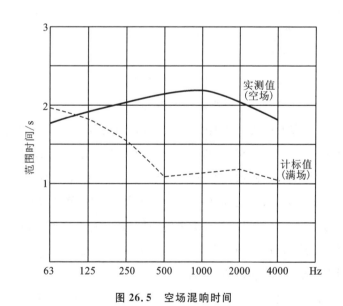

图 26.5　空场混响时间

实测工作承同济大学建筑声学研究室的大力协助，谨致深切谢意。

合作者：盛养源

（原载于 1983 年第 2 期《建筑学报》）

27. 室内设计手法初探

　　室内设计成为建筑设计一个相对独立的分支、社会上的一个行业，是近 20 年来的事。但是，建筑——"石头写成的历史"，一座优秀的建筑，室内、室外，从构思、风格方面，以至细部装饰等，都应相互统一协调。各个历史时期、各个国家、各个民族在室内处理方面也都创造了各不相同的、富有特色及感染力的空间，充分显示了建筑在艺术领域的独特个性。

　　科技的发展、人们物质与精神需要的发展，对现代建筑的室内设计提出了更新、更高的要求。基于"物为我用，以人为主"的设计原则，室内空间的组织，尺度的处理，材料、色彩的选择，家具的配置，简洁、清晰的轮廓与细部处理等成为室内设计的主要方面。

一、空间组织是室内设计的基础

　　建造房屋之目的，是为人们提供各种空间。马克思指出："空间是一切生产和人类活动所需要的要素。"由支柱及围护结构所形成的空间，具有两重意义：一是被围合的内部空间；二是被围合所划分或组合的"基地"，即在基地中被围合空间再分隔与组合的外部空间。现代建筑设计手法之一，就是着眼于研究建筑的空间关系。现代建筑学家给予建筑空间不少精辟的论断与评述。如：

　　"了解怎样去观察空间、掌握空间是认识建筑的钥匙"；

　　"建筑是以空间来反映时代精神的"；

　　"建筑是空间里思维活动的意念"；

　　"西方人传统的情形是关切围绕在结构或形象周围的；相反地，东方人却更关切所围成空间的性质以及这些空间对去经营它的人所产生的智慧及情感方面的影响"。

　　所以，在某种意义上，可以把建筑设计看作是处理各种空间之间的联系、过渡，空间的对比、变换，空间尺度的推敲、界定，最终形成一定形状、大小、色彩、质地不同的符合功能使用的空间，符合所期待的意境与构思。现代建筑各种类型的空间（加大跨度空间、穿插空间、灵活空间、共享空间等），通过分、隔、借、填等手法以布置空间、组织空间、扩大空间、创造空间。正如有的建筑师把现代的室内设计看作是组织空间中的空间、环境中的环境。

　　因此，建筑的内部空间为室内设计提供了基本前提。那种简单地把建筑设计作为仅是画个平面、竖一个立面、再切个剖面的处理，或者把室内设计看作仅是一个六面体（四片墙、两个面）的补白而已，已远远适应不了人们对建筑物质和精神的要求。现代建筑中的新结构、设备、管网、照明、灯具等相互配合、组织，给室内设计带来了新的课题，提出了新的任务。

　　室内设计的任务要求，可列举以下几个方面：

　　——应表达新的生活方式、倾向与观点；

——提供鲜明的、显著的、富有想象力的构思与意境；

——在新的条件下,反映传统与非传统的手法与特征；

——满足室内多功能的使用要求,采用灵活可拆卸的轻便构件；

——考虑室内功能的改变、室内装修的变换,以取得空间的灵活性及空间的扩展与划分等；

——要结合现代化声、光、热、空调等布置。

二、内部空间的处理

如上所述,室内设计是以内部空间为基础,借助家具、灯光、绿化、艺术摆设、装修与装饰等手段,基于人在内部空间中的活动及心理要求等进行的内部环境设计。探讨现代室内设计手法,虽然可以从多种角度进行,如空间布局、设计技巧、传统与革新、地方特色、材料运用等,但更重要的是立足于构思,体现意境,造就适应不同功能要求的环境气氛。抽象地说,内部空间的艺术感染力,如粗犷或质朴、丰富或简洁、庄重或活泼、严肃或亲切……正是建筑在艺术这一点上与绘画、雕刻相区别的显著特征。

（1）分

一个空间、一组空间,连续的、独立的,抑或公共性的、私密性的空间,可从功能、流线、使用各个方面划分不同的部分,运用各种建筑部件、家具、材料、色彩等营造预期的气氛。如一户居室可能划分就餐、会客、登记等活动的区域,在建筑处理方面往往可采用高度的变化、地面的起伏、光度的强弱、家具的陈设等手段(见图 27.1)。

图 27.1 居室活动区域划分

以层层回廊、楼梯平台、通廊的挑出、穿插划分或各层回廊的重叠、台阶式处理等,配合绿化、大面积玻璃引入的顶光及侧光,成为现代建筑公共大厅的标志(见图 27.2、图 27.3)。

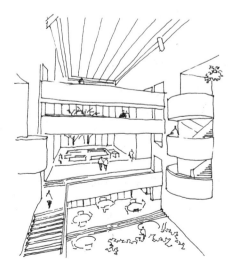

图 27.2 现代建筑公共大厅之一

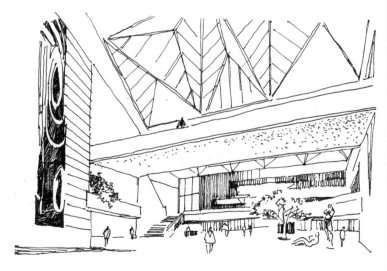

图 27.3 现代建筑公共大厅之二

（2）隔

俗话说："隔则深、畅则浅。"营造室内空间深浅的感觉，通过既隔又围、隔而不围等手法，达到空间之间的过渡、转换，或所谓空间的渗透或流动等。我国传统的建筑部件，如屏风、隔断、漏窗、博古架、落地罩等，现代的落地玻璃长窗、推拉门等，都可起到分隔空间的作用，且无碍于视线的贯通，更可兼起导向的作用。内部空间中采取这种或虚或实的处理，应根据建筑的功能、总的布局及意图而选择，改变那种"空间变化少、装修东西多"，任意堆砌、杂乱无章的弊病。

（3）借

"精在体宜，巧于因借。"借就要巧，要因地制宜。进行内部空间的分、隔，在注意创造内部环境的同时，还应考虑不同建筑的特点来引入室外的环境。通过门窗的景框作用取得景观，是扩大室内空间的重要手法。"佳则收之，俗则屏之"，这是利用的一个方面。此外，还需重视景观的设计与创作，我国古典园林设计理论中的"近借、远借、俯借、镜借"等，在现代建筑室内设计中仍然有着实际的指导作用。在旅游建筑中，打破门厅、大厅的封闭感，以侧墙、正面墙做通透处理，借景入室，扩大空间，渲染气氛，加深第一印象的处理，是有很多成功的实例的，如图 27.4、图 27.5 所示。

图 27.4　借景入室实例之一　　　　　　图 27.5　借景入室实例之二

（4）填

在各个功能要求不同的空间，填什么或摆什么，填多少或摆几种，这就涉及内容与形式的问题。如起居室、客房可考虑放置家具、挂画、帘幕、艺术摆设、灯具等；公共活动大厅则设有座椅、沙发、壁画、墙面装饰、地毯，还可布置绿化、喷泉、水画、雕塑等。这些众多的内容，以及千姿百态的形式，都必须服从于一个总的基调，给人们留下一个总的感受，提供一个适当的生活、工作、游憩的环境。上海龙柏饭店内庭空间中悬挂的三个球形彩绸灯笼，可算是"着墨不多"，不仅加强了视线的指引，而且作为控制空间的一种实体，起着点睛的作用（见图 27.6）。广州白天鹅宾馆的广厅以"故乡水"为主题，引出室内空间序列的高潮。美国旧金山海斯特摄政旅馆中庭（见图 27.7），以巨型的雕塑、玻璃电梯显示了空间的鲜明个性。

三、人、自然、环境

以人为主，以生活接近自然为出发点，引用水、光、绿化创造室内环境，是现代室内设计的另一个显著特点。

图27.6 上海龙柏饭店内庭空间

图27.7 海斯特摄政旅馆中庭(美国)

（1）水

水有静、动之分。静则成倒影，水平如镜。延伸空间，是镜借效果之一。动则水生涟漪，喷泉、瀑布形成水声，流动产生活跃与生动。水借助于光、色彩的变换，使室内空间富于虚幻、迷离与诗意。

（2）光

大面积玻璃顶棚的应用是现代建筑公共大厅常用的设计手法，自然光的引入，随着光影的移动、变化，使室内富有生气，并产生一种明快、亲切、宜人的气氛。除前述列举的数例外，北京香山饭店溢香厅顶部自然光的引入，使静谧、典雅的广厅更富于传统庭院的意境。这正是"一方天井，修竹数竿，石笋数尺……风中雨中有声，日中月中有影"的虚灵的诗与画结合的空间。

至于室内人工光源，照明灯具的照度、位置、光色的选择，则是烘托室内环境气氛的又一重要方面了。

（3）绿化

植物绿化是室内空间自然化的要素，冬日斗室中兰梅数枝，顿觉生机益然。而在高大的厅堂中进行绿化布置，既可形成空间、分隔空间，又是装饰、点缀室内空间，增添情趣的手段。此外，绿化植物柔和的色调，能起到净化空气、美化和协调环境的作用，越来越被室内设计人员广泛地应用。

室内绿化大都采用盆栽，辅以悬吊攀藤植物及各色花草等。但有的厅堂铺设人工塑料绿地、树木，矫揉造作，一眼见假，实不足取。我国造园要谛之一：花木重姿态，以少胜多，宜概括，提炼为上。传统园林中，"兰香竹影，鸟语桨声，而一抹夕阳斜照窗棂"，那种香、影、光、声交织，静中见动、动中寓静的手法，必将在今后的室内设计中得到继承与创新。

四、静态与动感

现代建筑室内空间处理的另一手法，是赋予静态的建筑以动态的因素，形成动态的空间。通过人的静、动（我国造园观景有静观、动观之分），现代化的建筑部件——玻璃电梯、自动楼梯，自然——绿化、水、自然光的变化，动感雕塑，人工照明等，来营造一种空间中的运动感。

人们或由玻璃电梯、自动扶梯迂回往返，上下穿梭，或静坐在带伞盖的茶座，或倚栏眺望广厅景色，构成了所谓"人看人"的共享空间。同时，通过川流不息的人群、光影的变化、浪花水柱以及雕塑、绿化的点缀，综合成空间交响的乐章。

这些多种多样、丰富而广泛的内容与手法，如何统一到室内设计环境的创造方面？同样是隔断、落地罩、博古架……同样是空间的分、隔、借、填，但手法的高低、文野，风格的突破与创新，无不体现了设计者的水平、审美修养、经验，等等。"戏法人人会变，各有巧妙不同"，但绝不是十八般武艺统统使上以种类多而斗奇。

我国造园、造景（园以景胜，景因园异），在同中求不同，不同中求同的理论，对于室内设计的点景，既可资借鉴，又对推陈出新、创造新的室内风格有所启示。

注：部分插图引自有关图集，谨以说明。

（原载于 1983 年第 3 期《中州建筑》）

28. 香港的购物中心建筑设计

大量新建"购物中心"这种新型商业建筑,是近年来香港商业发展的一个重要标志。继传统的露天市场、街道两侧鳞次栉比的商店和大型百货公司之后,香港于 20 世纪 60 年代中期出现了第一个规模较大的购物中心。该购物中心由于位置、规模、内容不同,造成了租金和商品等级上的悬殊,因而平面布局和室内装修标准有较大的差别。

一、购物中心的类型

香港的购物中心按其在城市规划中的位置不同可分为以下几种。

（1）居住区购物中心

在一些统一规划并分期建设的中、高标准居住区中,除了在高层住宅底层、平台层或独立地段设置零星的商业网点外,都考虑布置集中的、规模不等的购物中心,如置富花园购物中心（见图 28.1）、太古城、香港仔中心购物中心等。居住区购物中心的商业服务项目较为齐全,除有日常生活必需品外,还有标准较高、专业化较强的商店,加上超级市场、餐厅、影剧院、银行以及康乐、体育活动场所等,构成了大型的公共活动中心。

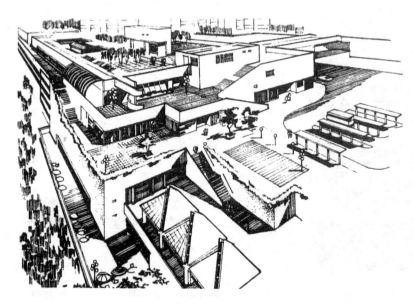

图 28.1　香港置富花园购物中心

置富花园购物中心位于所在居住区中心地段,依山势分层布置了上述各项内容,为居民提供全面的商业服务,购物中心总建筑面积为 9290 m²,平均每个居民占建筑面积 2.15 m²。

（2）办公楼底层和办公楼区的购物中心

香港是商业贸易发达的地区，办公大楼林立。许多大型办公楼底层都附设有购物中心或百货公司。由于它们多处于闹市区，各种同类商店竞争激烈，业主均不惜耗费巨资，以豪华富丽的店面与室内装饰来招徕顾客。

（3）旅馆的购物中心

尖沙咀各种等级的旅馆均设有一定项目的专业化商店，有的将旅馆大厅兼作购物中心广厅，有的则将旅馆大厅与商店通廊相贯通，或与附近购物中心相联系，方便旅游者采购。

（4）其他

结合码头布置大型购物中心，如海远大厦购物中心。待建的港澳码头购物中心，则与进境处、停车场以及高层办公楼等组成了一个大型的公共建筑群。

二、购物中心设计手法

广厅、通廊、铺面是香港购物中心的三个基本组成部分。设计中吸取现代建筑以人、室内空间、自然组成统一体的手法，无论是平面布局、空间组成、光照、色调还是用材等方面，大都追求标新立异、斑驳热烈的气氛。

（1）广厅

围绕广厅的多层跑马廊是通向各层铺面通廊的枢纽。结合自动扶梯、玻璃电梯、楼梯（见图 28.2 至图 28.4）的布置，形成了一个大体量的内庭，构成了所谓"人看人"的共享空间。这是香港新建购物中心的显著特征之一。它为勾起顾客采购商品的兴趣、延长顾客逗留的时间，提供了一个丰富多彩的特殊环境。

图 28.2　购物中心广厅楼梯
造型之一　　　　　图 28.3　购物中心广厅楼梯
造型之二　　　　　图 28.4　购物中心广厅楼梯
造型之三

尖沙咀购物中心的六层内庭，底层主要入口正对两座玻璃电梯，广厅的一侧布置一组自动扶梯及楼梯，跑马廊向广厅层层挑出。自动扶梯以及玻璃电梯运载顾客的升降活动使厅内富于动感及节奏感。通体透明的钢化玻璃栏杆避免了视线阻挡。顾客们作垂直或水平移动时,均可从不同角度环顾四周而获得较好的感受。绚丽多样的店铺处理与统一的吊顶、灯具、楼梯、挑台等的处理在对景中取得了协调。

广厅平面以方形、长方形的居多。广厅中设置带有篷盖的茶座,其鲜艳的色彩往往成为广厅中的重点。广厅内不同形式的悬挑楼梯往往成为丰富内部空间的重要内容,如帝国中心的圆形楼梯与天花照明设计相结合,而成为广厅中的重点。

调动一切设计手段,运用灯具、喷泉、雕塑、花饰、绿化等丰富和点缀内部空间,渲染商场气氛,是香港购物中心建筑设计的又一特征。喜来登酒店购物中心的大型吊灯、海洋广场购物中心的玻璃管灯和悬挂的金属装饰,以及名店街购物中心大厅的人工瀑布等,都具有不同的特色。置地广场购物中心的广厅中,布置了悬挂的动感雕塑,变换的灯光、浪花水柱的圆形喷水池,配合室内绿化和顶部采光井,营造了别有趣味的室内光影效果。喷水池还可改为临时舞台,顾客可在二楼弧形平台上的茶座和餐厅中观看演出。

（2）通廊与铺面

通廊一般由广厅跑马廊作尽端式的布置,能相互贯通,便于顾客迂回流连而少走回头路。通廊的两侧或单侧布置铺面。店铺面积大小不一,最小的仅 8 m²,一般为数十平方米。设在尽端的大型商店或餐厅面积为 100 m² 至数百平方米不等。两侧布置铺面的通廊宽度为 4～5 m,单侧 3.5～4 m,个别高级的通廊,则达 6 m 以上。店铺总面积占总建筑面积的 35％～40％。

通廊与铺面通常以不锈钢柱加大片玻璃来分隔空间,视线较为开阔。通廊净高,最低仅 2.8 m,在橱窗上部只留商店字号横额的位置,有的在通廊吊顶下悬挂铺面入口指示灯牌。店名字体以深色底暗灯显露亮字,各层、各段亮字灯光的色彩和造型基本一致。铺面划分考虑到不同行业的特点,如商品周转快、需要量大的铺面(冷饮、烟、糖果),就布置在转折处;面积较大的中型百货商店、餐厅等则布置在人流不多的地段。

铺面布置有四种形式:①开敞式;②小型展览橱窗,如珠宝、手饰、古玩店,橱窗采用特种防盗玻璃;③大片玻璃隔断,顾客视线可直达店堂内部,如服装、家具、鞋帽店等;④小卖部柜台。

照明方面,与室内设计统一安排。照度控制、光质选择、灯具的造型及位置,均进行较为全面的考虑,对创造广厅、通廊等的不同气氛起了重要作用。以往常见的满布的平顶布灯,因管灯显露造成光线不匀及阴影,照明效果降低,已被立体型天花结合灯具布置的方式取而代之。通廊照度控制在 100 lx,而商店内部及橱窗局部照度则高达 400 lx,突出了铺面琳琅满目的商品及气氛。

综上所述,这种由广厅、通廊、铺面组成的购物中心,在使用功能和建筑设计方面有下列特点。

①吸收传统市场商业街道的形式,适应顾客逛街、采购、游憩的心理要求。

②避免了大厅式百货公司中各类商品混陈、人流混杂的情况。

③根据专业特点及商品类型进行室内装修与布置,使之各具特色并利于商品经营。

④运用人、空间、自然相结合的设计手法以及现代科技的照明、空调、结构、材料等物质技术手段,为顾客、营业人员提供一个良好的商业环境。但不少场合不惜使用昂贵的材料,追求气派、豪华、奢侈,一定程度上反映了设计中抄袭多,独创少,追求奇特怪异、感官刺激的庸俗倾向。

（原载于 1982 年第 3 期《世界建筑》）

29. 香港几个大型住宅区的规划设计介绍

20世纪70年代以来,香港陆续修建了一系列大型住宅区,有代表性的如华富村、美孚新村、置富花园、太古城等。这些大型住宅区都是经过统一规划设计、分期分批建成的,除华富村由香港政府部门投资建造外,绝大多数是由私营集团建造的。

香港市区人口密集,新建的住宅大都分布在市区的边缘郊区,如美孚新村选址在九龙近郊原美孚石油公司储油库旧址,依靠填海方式扩展了部分居住区用地。近年来,逐步向着远郊(如沙田、荃湾、屯门)扩展居住区,但劳动布局与住宅建设布局的矛盾,无疑会给居民带来就业和城市交通的困难。

本文拟就规划布局、住宅设计、环境设计三方面分别介绍香港的一些大型住宅区。

一、规划布局

新建的大型住宅区都有较为完整的总体规划及分期建设计划,由于居住区规模大小的不同,建设的年限少则4~5年,多则7~10年,并分若干期,每期的工程划分考虑住户生活的必要设施,如水、电、煤气供应以及一些公共福利服务项目、道路、绿化等配套。这样可有利于整体建设资金的周转及发挥投资效果,也为当地政府及房地产商获取高额利润创造了条件(见表29.1)。

表29.1 各住宅区基本情况

住宅区名称	住宅区用地/hm²	住宅建筑	容纳户数/户	居住人口/人	人口毛密度/(人/hm²)	建筑年
华富村	11.74	8~24层共25幢	7788	54000	4582	1965—1970年分4期
美孚新村	16.19	20层共99幢	13000	80000(实际100000)	4941	1965—1970年分8期
置富花园	7.1	27层20幢,5层7幢	4340	20000	2816	—
香港仔中心	2.8	28~29层共20幢	2788	13000	4482	1978—1982年分3期
太古城	21.44	28~30层共53幢	10000	45000	2100	1975—1983年分10期

①香港地价昂贵,在总体布置上充分利用每一平方米的基地面积,如底层商店、公共建筑、步行廊等,尽可能压基地红线。沿垂直方向向上发展空间,按照不同功能要求组织多层车库、商场,并在这些建筑的屋面布置供居民采购和休息的步行道、儿童游戏场以及绿化花坛等构成天台花园。在住宅区用地紧凑的

情况下,把步行交通与车行道组织在不同的水平面上,既解决了人流与车流的矛盾,又避免了繁杂的底层交通及商业喧闹,为居民提供清静的休憩场所。因此,这种立体空间设计手法广泛地被应用于一些新建住宅区中。

②住宅的布局采取若干单元或幢围绕一个公共活动中心(或平台花园)构成住宅组群。若干组再由通廊、住宅底层架空的柱廊、区内道路连成住宅区,这种成组的布置注意了组群的敞开方向,使多数起居室、卧室有广阔的视野及良好的空间环境。太古城是由几组组群向着海港的方向开口(见图 29.1、图 29.2);置富花园由 20 幢高层住宅与 7 幢低层建筑顺应地势呈线状排列倚山而筑,中部留出大片用地作商业中心布置(见图 29.3);美孚新村各住宅单元十字端部紧接,住宅楼间距狭小,住户视线干扰较为严重,住宅群的空间感还不算很拥塞(见图 29.4、图 29.5)。

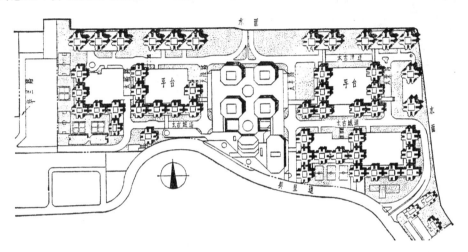

图 29.1　太古城总平面布置

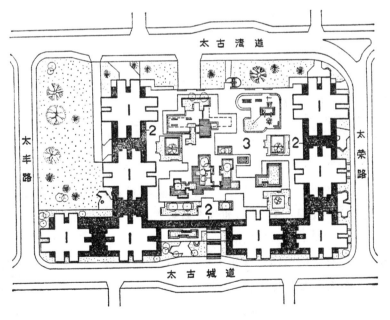

图 29.2　太古城住宅组布置

1—住宅;2—商店;3—平台

图 29.3 置富花园鸟瞰

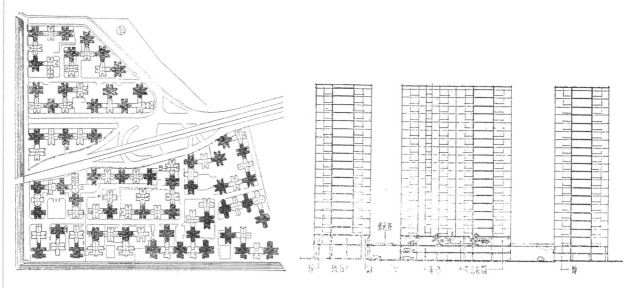

图 29.4 美孚新村总平面图

图 29.5 美孚新村北区剖面示意

③各住宅区较全面地布置了生活服务及公共福利设施,项目较为丰富多样。这些生活服务及公共福利设施有的分散设置在住宅的底层及平台层,如各类商店、超级市场、餐厅、酒楼等;有的以集中设置的购物中心、多层商场为主,辅以零星商店。置富花园商场共五层,内设各类商店及展览厅、小剧场等。商场面积共达 10000 余平方米。住宅区内还设有幼儿园、中小学、图书馆、私人诊所等。随住宅区的标准及规模不同,设有各种体育活动场地,如网球场、游泳池、保龄球场等。

④住宅区的建设向着高密度、高层化发展。美孚新村 16 hm² 的土地上,密集地布置着 99 幢高 20 层的住宅楼,人口毛密度达每公顷 5000 人,一般住宅每公顷的居住人数在 2000～4000 人,置富花园每公顷的住宅建筑面积约 35500 m²,而美孚新村每公顷的住宅建筑面积则达 50000 余平方米。

二、住宅设计

①高层住宅的平面设计受用地、地价、售价等方面的根本性制约,并且香港的地方性建筑法规对住宅设计的规定,要求各住户的厨房、厕所必须有直接的采光、通风,加之电梯、楼梯等公共设施集中于中部的布置方式,住宅平面类型多样化的可能性就不大。十字形、双十字形或井字形的平面(见图29.6、图29.7)较多。这种平面外墙凹凸多,周边长,部分起居室的位置就较差,其他如Y字形、钻石形(见图29.8)的也有采用。

图 29.6　置富花园双十字形住宅单元图

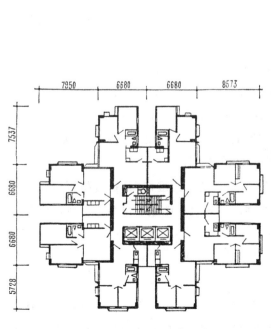

图 29.7　太古城井字形住宅平面

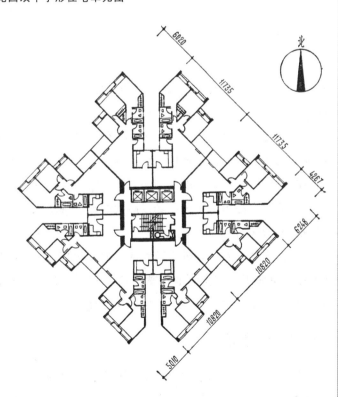

图 29.8　太古城钻石形住宅平面

②住宅单元每层 4～8 户,朝向不限。有的考虑安置空调设备,故在平面上忽视组织穿堂风,每户除有一厅(起居室)外,配有 1～3 间卧室,即所谓一厅一房、一厅两房、一厅三房等。每户设有厨房(4～6 m²)、浴室(3～4.5 m²),标准较高的多室户设有两个浴室、阳台及壁橱等。每户的建筑面积在 55～85 m² 不等(不包括公共交通部分)。华富村的外廊式住宅及双口形高层住宅每户仅一大间(由住户自行分隔),附有狭小的厨房、厕所及凹阳台,每户建筑面积则在 22～35 m²(见图 29.9)。一般住宅均穿越厅、室,起居室面积较大,为 20～35 m²,而卧室大都在 8～12 m²(香港住宅的租金每单元 2000～4000 元港币,售价每平方米在 7000～10000 元港币)。

③住宅的层高控制在 2.80 m。为改善户室内空间感,适当降低了窗台高度,为 40～50 cm,并增加窗户宽度,延伸至起居室整片外墙。

④单元的中心部分设有 3～4 座电梯、剪刀式单跑安全楼梯、垃圾槽及水电表房等,电梯分别设单层、双层停以及各层全停等。各座楼设电视共用天线,通至各户插座。

⑤住宅的装修材料、设备日益华贵。外墙一般进行粉刷并贴砌彩色马赛克,窗户采用铝质合金钢窗。浴室套装三件彩色卫生用具并配有热水器、镜箱等。厨房配有不锈钢洗菜池、橱柜抽气扇、煤气灶等。厨房、浴室内均铺砌瓷砖地面及墙裙。由于香港旱季严重缺水,因此冲洗卫生器具用水另设专线,直接由海水净化后通向各户。

⑥鉴于香港的社会秩序,住宅设计中有严密的安全保卫措施。有的楼出入口设有专职人员昼夜值班室,采用了一些先进的现代化设备,诸如每座大楼入口装有对讲系统通向各户,设置带警报的电动门锁、中央闭路电视系统、警钟、警眼等。除上述多种防卫设施外,每户户门外还设有铁闸,以防盗贼撬入。

三、环境设计

在整体规划中对住宅组群、道路网、公共建筑的配置,除考虑地形,建筑的体型、层次组织空间环境外,对于庭院绿化、建筑小品、雕塑等也均有专职人员进行设计。通过各种风格、各具特色的布置,各住宅区有着明显的标志与优雅的环境。

置富花园通过高低不同层次、错落有致的空间组合,色彩明朗的建筑外貌与葱郁绿化的强烈对比,形成良好的居住环境。各楼住户凭窗眺望,远借海天风光,俯瞰园林景色,居住气氛较为优越。各类建筑小品(如座椅、灯座)、花坛以及细部处理(如栏杆、地面分隔等)均经细致推敲,为美化环境增添生色。

香港仔中心组群中央广场以高大的琉璃牌坊入口、单柱的琉璃休息亭,配以正中的抽象雕塑、喷水池(见图 29.10),组成一个既中又西、既古又洋,为居民提供采购、休憩的场所。

各住宅区均有管理机构负责区内的安全保卫、清洁卫生以及公共设备的维修,并负责执行居住条例(如住户单元不能够作他用或展示招牌、广告)等。各户每月均须向管理机构缴纳管理费。这种经常性的管理与维护使住宅区保持了良好的居住环境。

四、结束语

以上粗略地介绍了香港几个大型住宅区,反映了香港十多年来住宅建设的一个方面。这些大型住宅区大都用于中等以上收入的家庭居住。从香港目前 500 万城市居民来看,能有这样居住条件的人数只占一小部分比例。经常遇到自然灾害袭击、居住卫生条件极差的木屋(棚户)区还居住有 75 万人,一般居民

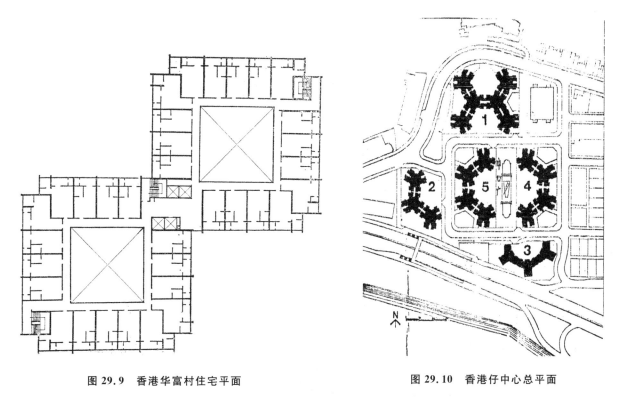

图 29.9 香港华富村住宅平面　　　　　　图 29.10 香港仔中心总平面

生活及工作环境正如香港报纸所描述的那样:"居住挤迫、房租昂贵、物质诱惑、噪音刺激、竞争激烈。"大多数居民的居住水平还有待改善。

（原载于 1982 年第 2 期《中州建筑》）

30．禹县宾馆建筑设计

　　禹县隶属河南省许昌市，位于河南省会郑州市西南 80 km 处，古有钧州、禹州之称，历史悠久。禹县城关西山区神垕镇是我国宋代五大名瓷之一——钧瓷的产地。

　　为满足接待各国人民的友好往来、专业考察和旅游事业的需要，由省旅游部门投资，在县城关建筑了一座旅游楼——禹县宾馆（见图 30.1）。经初步投入使用，国内外游客反映良好。

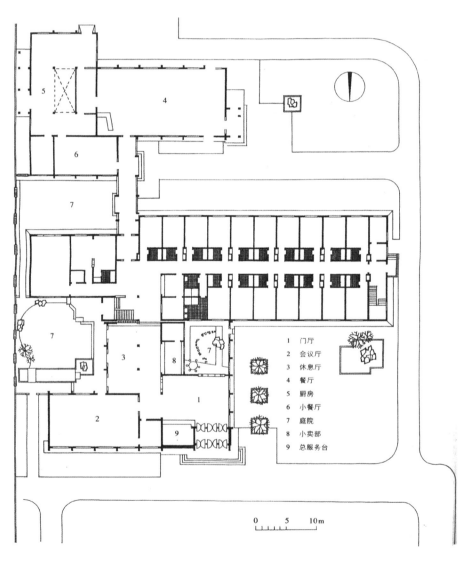

1	门厅
2	会议厅
3	休息厅
4	餐厅
5	厨房
6	小餐厅
7	庭院
8	小卖部
9	总服务台

0　　5　　10m

图 30.1　禹县宾馆底层平面图

在设计中,我们遵循"适用、经济,在可能条件下注意美观"的原则,从县级接待水平的实际情况出发,在总体及单体中全面安排与考虑了宾馆的各项基本内容与设施,大体上能满足国内外游客在旅游生活中的需要。与此同时,合理地控制建筑标准、建筑规模,防止贪大求全、向大城市看齐的倾向。禹县宾馆总用地面积 8433 m^2,总建筑面积 3965 m^2,拥有 51 个单间客房,3 个双间客房,共计 108 床,平均每床建筑面积 36.71 m^2,每床用地面积 78.08 m^2,土建总投资约 54 万元,平均每床造价 5000 元。

一、平面设计

在总体布局上,从狭长的基地条件考虑,按不同功能划分为三个不同的院落。前院主要为停车、回车场地以及办公、传达、车库、花房等辅助建筑(见图 30.2、图 30.3)。前院大门入口位于左侧,使进入前院后有一缓冲地并能看到较为完整的建筑外观。中部庭院供游客在就餐前后休息、散步。后院则为厨房、职工生活及杂务院落。

图 30.2　禹县宾馆外景(一)

图 30.3　禹县宾馆外景(二)

在建筑平面处理上,以大空间的公共用房(如门厅、休息厅等)与主楼客房脱开的方式,既有利于结构布置,又构成了若干封闭与半封闭的庭院,使庭院处于建筑之中(见图 30.4、图 30.5)。这不仅满足了旅游建筑对院落、庭院的不同功能要求,而且使室内外空间多样而富于变化,可形成各种景观或画面,增添建筑的民族色彩。

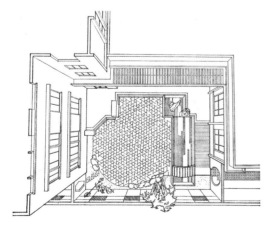

图 30.4　禹县宾馆庭院铺地图案

图 30.5　禹县宾馆庭院

在内部空间布置方面,使公共部分在顺应人们活动路线的基础上,注意空间序列的变换与重点处理。在进入门厅后首先看到的是透过"画框"组织的框景,两侧配以一对色泽晶莹、紫翠相映的落地钧瓷花瓶,使旅客入门厅后得到鲜明的第一印象。

在门厅向休息厅、接待厅过渡时,以空透的博古架分隔空间。博古架上布置富有地方特色的端庄深厚的钧瓷精品,使内部空间相互渗透,并兼起着空间引导的作用。

从中原地带的自然、气候、绿化条件出发,庭院除布置高低水面的矩形水池,架以微微起拱的小桥外,还配置大面积的水泥砖铺地,铺地以正三角形的混凝土预制块组合,间以六角形中点缀卵石,拼凑传统冰裂纹图案,造价较低。内庭绿化主要以盆栽花卉作应时布置。

二、建筑处理

按照建筑功能、结构、平面布局的要求,形成高低层次的变化。结合建筑体量划分各个不同的院落、庭院所组成的室内外空间构成了宾馆建筑造型的基础。运用建筑立面处理的各种手法、材料的选择、色彩的配合,力求体现旅馆建筑明朗、亲切、多彩的性格。

将低层的公共用房、餐厅等部分先靠向一侧,减少对主体的遮挡,在开阔的院落中,可以从较多的视点看到主次分明的建筑外貌。

在细部上注意它对建筑整体的影响。一些主要部位,如门廊两侧选用当地产的浅红棕色石墙与入口形成虚实对比,加强了重点。在主楼梯间及内庭院围墙采用一些白色混凝土花格。在大片浅褐色墙面上,白色的挑檐、窗套与柱面起到丰富立面的作用,在色调上营造清新、明朗的感觉。

室内的色调以淡雅、清素为主。如门厅、接待厅、休息厅基本上统一用不同纹饰的浅绿、浅蓝色调的玻璃墙布。厅室内的窗筒子板、柱面、墙裙、服务台饰面均用木本色清漆,而博古架、"框景"窗则采用民间常用的栗壳色使之较为突出。在门厅、接待厅做吸音板吊顶。自行加工的吸顶灯,配以金色边框,使厅更显明丽。

由于客房浴室未设管道井,冬季排气对走道有一定影响。通向餐厅的短廊未做暖廊,使用上也有所不便,有待改进。

(原载于 1980 年第 6 期《建筑学报》)

31. 广阔天地大有作为人民公社新村规划

在毛主席革命路线指引下，深入开展"农业学大寨"的群众运动，河南省郏县广阔天地大有作为人民公社发生了深刻的变化，集体经济迅速发展，社员生活水平逐步提高。1975年粮食亩产量达到1300斤，烟叶亩产量近500斤。规划与建设社会主义新农村的要求也越来越迫切。公社党委学习大寨"先治坡、后治窝"的经验，在制定1980年农业发展规划的基础上，确定了公社新村建设规划与开展社员、知识青年住宅建设的试点工作。

一、新村规划的原则

广阔天地大有作为人民公社位于河南省郏县城关西南、汝河北岸，共10个自然村，4个大队，25个生产队，1004户，5100口人，耕地7764亩。新村的规划建设基于以下几方面。

①为贯彻落实毛主席"实行大地园林化"的指示，几年来，广大贫下中农与知识青年自力更生，艰苦创业，在改变本区自然面貌，建设以农业稳产、高产为中心的路、林、排、灌、机、电并与大地园林化规划结合方面取得了显著的成绩，初步实现了水利化、田园化、林网化（见图31.1）。这为社员新村的选址、规划布局、并村提供了有利条件。

②1968年以来，知识青年响应毛主席"知识青年到农村去，接受贫下中农的再教育，很有必要"的号召，现有郑州、许昌等地583名知识青年到公社插队落户。按规划至1980年，还将增加600余名，知识青年的人数占全公社人口的比例将从现在的1/10提高到1/6左右。因此，按插队落户的组织形式，为知识青年的学习、劳动、生活创造良好的条件，是新村规划的重要内容之一。

③农业的发展促进了工业建设。几年来，坚持了社、队工业必须为农业服务的道路，先后建起了各种工厂共十余个。在工业布局中，对工业项目的确定、厂址选址、原料来源以及污染防治等各个方面如何与公社综合规划及新村布置相协调作了初步考虑：如与其他公社联办的年产量为2000 t的氨水厂，设置在县域内主要公路旁，利于运输及相互联系；面粉厂、木材加工厂布置在公社中心附近，方便群众、便利生活；为就地消化部分丰收后的副产品麦秸，建起了污染小、生产工艺简单的包装纸厂。又如社、队办的农机厂考虑在适当时便于统一调整等。初步统计，一些工业项目已占农田60余亩。因此，在公社工业布局中如何进一步节约用地，还需积累经验。

通过社、队工业布局，我们感到，工业布局与新村规划是关系到促进工农结合、逐步缩小三大差别、巩固工农联盟等大问题。

④按照因地制宜、就地取材的原则，在汝河南岸因陋就简地办起预制构件厂，试制生产了预应力钢筋混凝土空心模板、混凝土空心砌块、玻璃丝大瓦等各种构件。汝河这一季节性河流在洪水期从上游带来的大量泥沙和卵石得到充分利用，成为预制厂取之不尽的材料。通过建厂、生产，培养与组织了公社专业

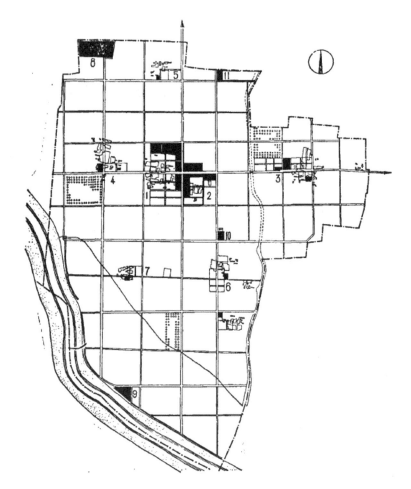

图 31.1　公社综合规划示意

1、2—公社所在地(大李庄、吴堂村);3—杨庄新村;4—邱庄新村;5—辛庄新村;6—向阳新村;

7—板场新村;8—氨水厂;9—混凝土预制构件厂;10—机耕站;11—农科站

建筑队伍,为新村房屋建设提供了技术与物质条件。

二、总体规划

为适应社会主义大农业和社会主义农村建设的长远需要,适当地调整原生产队、大队的地界,进行了全社统一规划。初步做到了路、渠、林、田布局合理,提高土地利用率,扩大耕地面积,为促进农、林、牧、副的全面发展,逐步向大队、公社所有制过渡,彻底铲除小农经济的痕迹,为消灭三大差别创造条件。

(1)道路网

道路网的布局、分类主要考虑了下列各点。

①方田的面积。按科学种田的要求,将原分散地块规划为大方田,根据农田防护林的有效防护范围(树高的 25 倍),机耕、机播、机收和机运的要求(长度不小于 400 m),以及每眼机井灌溉的能力等综合因素,确定每方田面积约 200 亩。这样以公社中心的原有东西、南北两条主干道为基线,与主干道平行分设东西、南北干道各 3 条,另规划生产通行路 8 条以分隔方田。每方田面积为 180～240 亩。

②满足农业机械的通行要求,使道路有足够的宽度,巡回畅通,并应减少或避免农业机械的噪声影响

新村安静。将位置合适的原大队农机站扩大作为公社农机站。

③将原分散的10个自然村合并为6个新村,使新村与新村、新村与公社、公社与县城之间,联系方便、直接。

④道路的宽度与断面配置。除公社中心地段的道路局部加宽外,一般农机通行干道的有效路面为7 m,生产路面为5 m。路侧营造农田防护林,分别以单排或双排种植速生树种大官杨、沙兰杨、毛白杨等,每一干道为单一树种。其他如排、灌渠系统和输电系统随路网、林网的形成作统一安排。新规划的道路面积较原有道路节约土地约27亩。

（2）公社中心规划

1955年,我国农业社会主义高潮中,公社的前身原大李庄乡组织知识青年回乡参加合作化运动。伟大领袖毛主席看到介绍这件事的材料非常重视,亲笔写下了光辉的按语:"农村是一个广阔的天地,在那里是可以大有作为的。"无产阶级"文化大革命"和"批林批孔"运动以来,又有千余名知识青年来公社插队落户,锻炼成长。公社所在地已发展成为县、地区及全省各地广大知识青年经常访问和交流经验的政治活动中心。把公社所在地选择在原大李庄乡不仅位置适中,联系方便,同时也具有重大的政治意义。

几年来,利用预制厂生产的各种构件,先后兴建了接待站、共产主义劳动大学以及百货、邮电、农机等两层建筑,并把原有部分公社办公室改建为知识青年展览馆。其他如公社中学、医院、烟叶收购站、面粉加工厂等公共、工业建筑也陆续兴建,公社所在地已初步成为全公社的行政、文化、公共福利中心。随着公社工业的发展、知识青年插队人数的增加以及对外联系的广泛、频繁,拟规划新建服务楼、知识青年文化楼,组成街道中心广场(见图31.2、图31.3)。此外,公社所在地的旧村(吴堂村、大李庄),计划逐步改造为社员新村。

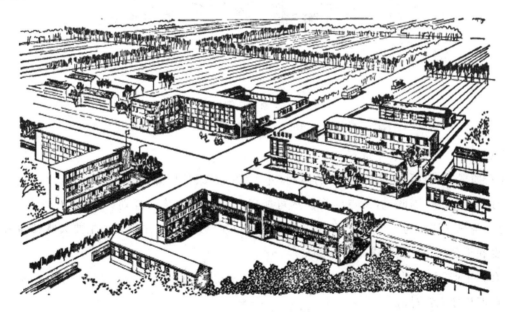

图31.2　公社中心区鸟瞰

（3）居民点新村规划

通过对现有10个居民点的现状、规模、人口组成、生产情况等方面的调查和多次讨论,确定合并为6个新村,分别作出详细规划(见图31.4),并进行社员、知识青年住宅的试建。

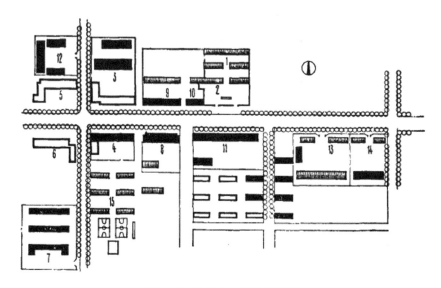

图31.3　公社中心区总平面图

1—公社办公室；2—知识青年展览馆；3—接待站；4—共产主义劳动大学；5—服务楼；6—知识青年文化楼；7—公社卫生院；

8—百货楼；9—土产部；10—新华书店；11—农机、邮电；12—收购站；13—粮库；14—面粉厂；15—中学

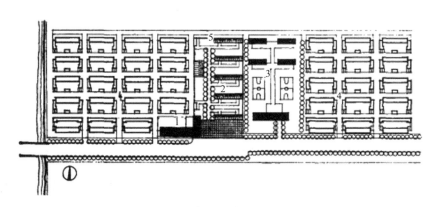

图31.4　新村详细规划

1—大队综合楼；2—知识青年住宅组；3—小学；4—社员住宅；5—知识青年居住试点楼

新村布点的主要原则及条件如下。

①根据现阶段"三级所有，队为基础"的体制，并考虑到在条件成熟时逐步向以大队乃至公社为基本核算单位的所有制过渡，因此，居民点的规模尽可能以大队为单位统一规划，并向原有较大的居民点靠近。如将赵坊与杨庄迁并为一个新村，邱庄以大队为单位建立新村，这样使几个主要大队较为邻近，便于统一领导，也利于公共文化福利设施的逐步完善。

②从"有利生产、方便生活"的原则出发，考虑居民点的耕作半径为1.5～2 km的适宜范围，因此辛庄、板场靠近旧村建立新村。

③全面综合考虑各现有自然村的地形、地势、土质、生产、生活等情况，充分利用原有水井、道路以及其他公共建筑及生产性建筑和场地（如小学、炕烟房、生产队仓库、集体饲养场等）。如杨庄大队主要安排在地势较高且地质较差（水、肥地下流失严重）的地段，从旧村小学附近逐步向西扩展。

④为知识青年扎根农村干革命、接受贫下中农再教育创造条件。以知识青年编组插队的两种方式考

虑规划布局:一是以青年组直接插入各生产队,建造知青住宅;二是以大队为单位,布置知青住宅组群,采取"三集中、一分散"的方式,即学习、生活、管理集中,分散于各生产队参加集体劳动。如杨庄大队采取了后一种布置方式,将住宅组群靠近大队部及小学,既利于大队组织领导,又便于知识青年开展政治学习、科研及文体活动。

⑤节约用地。10个旧自然村占地 750 亩,平均每户占地约 0.77 亩。新村规划合并为 6 个点,建造以二层为主的住宅,合理地确定村内道路宽度、住宅间距、宅基用地,并拟将各生产队和大队部的办公、医务、代销等公共项目合建一幢 2～3 层建筑。全公社统一规划实现后,新村占地平均每户 0.4 亩,共节约用地 300 余亩。加上拦河造田、铺设暗渠等措施,农田可扩大 1000 余亩。

三、住宅设计

经过多方案分析比较,已有两种社员住宅方案(见图 31.5、图 31.6)和一种知识青年住宅方案(见图 31.7)分别在各新村规划基地上试建。

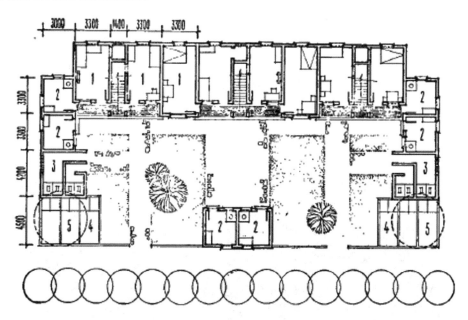

图 31.5　社员住宅方案之一

1—居室;2—厨房;3—公厕;4—猪舍;5—地下沼气池

(1) 社员住宅

住房方案采用了平房(厨房部分)与楼房(居室部分)相结合的方式。通过公厕、猪舍、院落的配置组成向阳院式的公共院落,改变过去一户一院的状况(见图 31.8)。也有布置前后院的方案。

楼房部分采用悬臂楼梯(独用)及直跑楼梯(一梯两户)两种形式。住房设计考虑了下列要求。

①公社地处平原,冬季北风强烈,大多数院落采用南向入口。

②使每户都有一间或两间居室在楼下,以供老年人或全家生活起居之用。

③根据不同家庭人口的组成变化,具有分配灵活及调整变换的可能性。平均每户(4～6 口)分配 2～3 室,建筑面积为 60～70 m²,每人占 12～17 m²。各方案的分配,有一上一下、一上二下(或二下一上)以及二上二下等几种情况,能适应多种家庭人口组成。

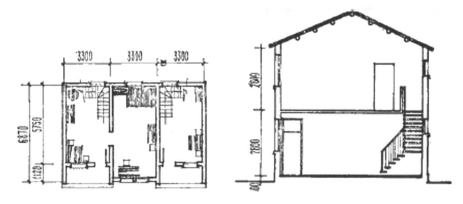

图 31.6　社员住宅方案之二

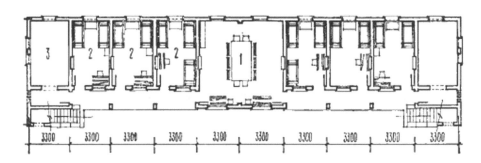

图 31.7　知识青年住宅平面图

1—学习室；2—居室；3—贮藏室

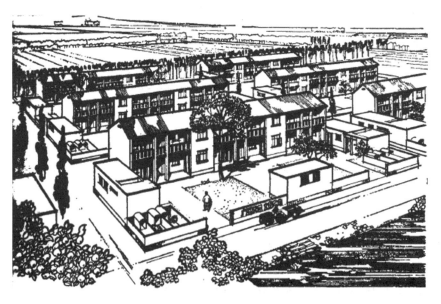

图 31.8　社员住宅群鸟瞰图

技术经济指标详见表 31.1。据修建后初步核算，每幢社员住宅（未包括平房、院落）的材料费用为 7000～8000 元，平均每平方米造价为 14～16 元。

④考虑必要的家庭副业生产条件。如猪、家禽的饲养，并使猪舍、厕所紧邻，以设置地下沼气发生池，推广使用沼气。

⑤对当前生产、生活所必需的要求,如架子车的存放、红薯窖、菜窖的位置等予以考虑。

表 31.1　新村住宅方案技术经济指标

名称	建筑面积/m²	居住户数	平均建筑面积
方案 1	503.4	6	84 m²/户
方案 2	508.4	6	84.7 m²/户
知青住宅	436	2 组 30 人	14.6 m²/人

（2）知识青年住宅

知识青年目前插队组织以 12～15 人为一组,以两个组合住一幢,采用南廊、半开敞楼梯方案。每室住 2～3 人。楼中相邻设以二开间作为大组学习会议之用。除考虑设置各组贮藏室外,每居室内设置了墙上书架及简易搁棚等。

（3）构造措施

①墙基及部分勒脚采用卵石铺砌,推广与改革目前使用的大空心混凝土砌块(现每袋水泥制作砌块 18 块,每块合黏土砖 18 块)。改变过去每年因烧砖毁好地近百亩的状况。

②旧料的利用。居室开间统一为 3.3 m,可采用旧房檩条(一丈)。其他如椽子、小青瓦、木窗等都可在新房上直接使用。

③门窗设置。在后墙设混凝土镂花通风窗,加贴塑料薄膜或糊裱窗纸以节约木材、玻璃及小五金;此外,门窗的油漆采用民间做法,即以植物枝、皮壳(如槐树枝、核桃壳等)煮水打底,加刷铜油,价格低廉,效果良好。

④外墙粉刷。在部分重点地方及大块混凝土空心砌块外墙处,采用本地盛产的石粉(红棕色、紫色等)配合水泥、石灰(视色彩深度调整配合比),经试验采用,可保持较长时期的色彩效果,色调也较明快。

通过公社新村的规划与试建,我们初步体会到,搞好农村房屋建设要注意以下几个方面。

①政策性。农村房屋建设必须坚持社会主义方向,坚持"先治坡、后治窝"的原则,有利于巩固和发展社会主义集体经济,限制资产阶级法权,正确处理国家、集体、个人三者的关系。坚持自力更生、艰苦奋斗,不向国家伸手。在公社党委一元化的领导下,成立了新村建设委员会,集体统一投资、投工及分配,产权归大队所有。旧料作价,不搞平调。

②群众性。以大搞群众运动和少量专业队伍相结合的方法,坚持"农忙少干、农闲多干"的原则。对公社总体规划、新村定点、住宅方案的决定等重大问题,发动群众,集思广益,反复讨论,经过试点,使广大社员心中有数。

③经济性。应正确地制定住宅面积标准、分配原则,合理安排房屋间距、院落大小,不占或少占良田好地,以节约用地等。要防止高标准、贪大求新、大拆大迁等不良倾向,充分利用旧房、旧料。尽可能少花钱,多办事。

④地方性。因地制宜,就地取材,并对当地社员的生活习惯和要求给以一定的注意和照顾。对传统的民间做法取其精华,去其糟粕,批判继承。

（原载于 1976 年第 4 期《建筑学报》）

32. 河南省一九七四年城市住宅设计方案选介

为了加速建筑设计标准化,修订我省职工住宅、宿舍建筑面积标准和质量标准,以及编制我省1974年住宅通用设计,省建委于1973年10月中旬召开了住宅设计座谈会,代表们对上述问题进行了较为深入的讨论,交流了设计经验,提出了具体规划与要求,并对各地、市设计部门及有关院校所提供的80余个住宅方案进行了分析,初步评选出7种不同类型的住宅方案,由有关单位作出住宅施工图纸。

在这次会上所展出的80余个住宅方案中,有不少方案是经过修建并在实践基础上通过调查研究作出了新的改进。本文就评选出的部分方案及带有特点的方案作一选介及探讨。

一些较好的住宅方案具有下列共同的特点。

①在保证适用、经济的前提下,合理地控制平均每户建筑面积,降低了单方造价,每平方米预算造价在55元左右,这就使在同样的投资条件下,发挥了更大的效用。

②各种户型都有一间较大的居室(面积约14 m²)作为家庭生活团聚之用,各种户型(包括一室户)都有独用厨房,满足了广大住户对厨房独用的普遍要求。

③提高了平面系数,大部分在57%以上,也有达到60%以上的。平面系数的提高,要求做到平面布置紧凑、压缩与减少不必要的辅助面积、确定合适的开间与进深等。提高平面系数的途径,归纳起来有以下几点。

a. 横向承重墙由一砖厚(240 mm)减为180 mm厚,或采用190 mm×190 mm×300 mm的黏土大孔砖,居室面积(以进深4800 mm、开间3300 mm为例)可净增0.19 m²。

b. 缩小楼梯间的开间,采用悬挑楼梯,开间由2800 mm降为2600 mm或2400 mm。经调查分析,一般不小于1 m宽的楼梯已能适应使用,但楼梯的平台宽度宜适当放宽(不小于1.2 m),才能适应搬运自行车及家具的要求。

c. 部分户型的居室采取了套间布置,从套间的布置方式来看,前后套较左右套更利于使用及家具布置。

d. 独用厨房结合我省生活特点,最小宜3 m²,采用穿过式厨房,其净宽宜不小于1.6 m。

④注意了住宅类型的多样化,考虑不同单位(新老厂矿、机关、学校、城市居民)、不同城市、不同地段的情况,分别有内廊、短外廊、南廊、北廊等不同类型的住宅方案。在南阳和新乡采用南、北廊方案比较受群众欢迎。

⑤充分利用了空间,如楼梯间的下部和顶层空间,走道及居室内的搁板,壁柜、厨房内的碗柜。三层以上的住户尽可能地设置阳台等,满足楼层住户对户外生活、晒衣、纳凉活动的需要。

一、住宅方案的分析

短外廊住宅方案是从设计革命以来郑州市历年采用较多的设计方案,如一梯四户六开间平直单元

（见图32.1、图32.2）。它适应的家庭人口组成的范围幅度较大，大多数居民反映：一室半户在当前的住宅标准下，对于占比例较大的3～6口之家，即使家庭人员组成较为复杂，也能"住得下，分得开"。短外廊一梯四户单元，干扰少，较安静，保证了各户有良好的穿堂风。但厕所、集中供水设在楼梯口，在管理使用不善时，楼梯口积水、结冰，安全、卫生等受一定影响。在建筑沿街时，厕所间突出在外也较难处理。

图32.1 短外廊住宅

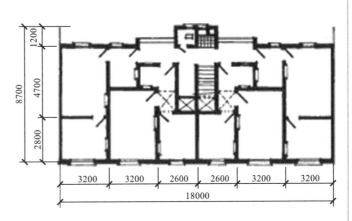

图32.2 短外廊住宅方案

在这种短外廊方案基础上发展起来的五开间一梯四户豫住74-1型住宅方案（见图32.3、图32.4），在平面及细部处理上都有了新的改进，将楼梯间退后，使厕所门侧向短廊方向开启。在控制指标下，每户还设置了简易壁橱。经修建使用，原认为楼梯间采光可能较差的担心也可以消除了。

图32.3 豫住74-1型住宅

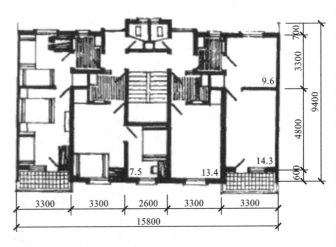

图32.4 豫住74-1型住宅方案

五开间一梯四户内廊豫住74-7型住宅方案（见图32.5、图32.6）是历年来各地处理较为成熟的一种内廊单元，结合当前住宅标准作适当的修改。它保持了安静、分户明确、避免穿套式厨房等优点。通过居室门的改变，可调整户型组合，分配灵活，提高了平面系数。

横楼梯豫住74-2型（见图32.7、图32.8）、豫住74-4型住宅方案（见图32.9、图32.10），是以一室半户

图 32.5 豫住 74-7 型住宅

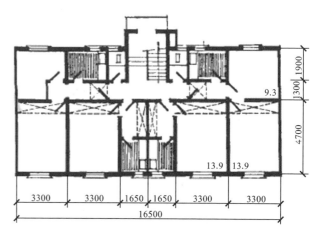

图 32.6 豫住 74-7 型住宅方案

为主的单元。它具有短外廊的共同特点：分户明确，避免穿套式厨房，利用两个不同开间的组合，使平面布局上较前者有一定的灵活性，平均每户建筑面积也较小。但楼梯间敞开时，难免受雨雪侵袭，影响使用。楼梯间采用大片花格时，相应地提高了造价。

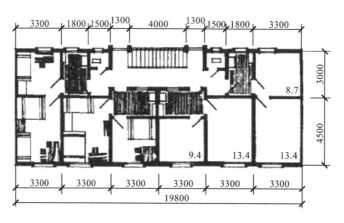

图 32.7 豫住 74-2 型住宅方案甲单元

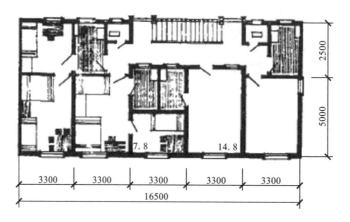

图 32.8 豫住 74-2 型住宅方案乙单元

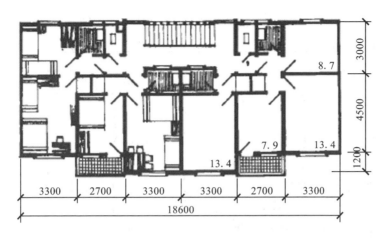

图 32.9　豫住 74-4 型住宅方案甲单元

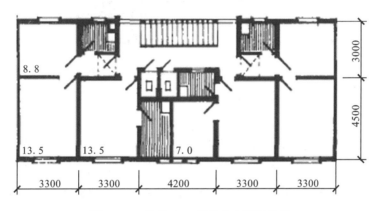

图 32.10　豫住 74-4 型住宅方案乙单元

　　此外,洛阳市设计院短外廊住宅方案(见图 32.11),将短廊分段设置,入口简洁开敞,考虑在夏季有的住户可将炉子搬到短廊内,以免穿过式厨房影响室温。

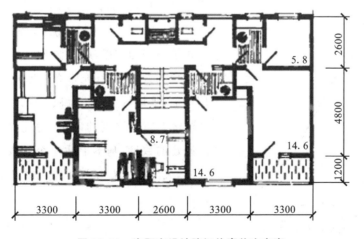

图 32.11　洛阳市设计院短外廊住宅方案

　　郑州市设计院五开间短外廊住宅方案(见图 32.12)将厨房、厕所突出在外,在同类方案的平均每户建筑面积指标下,增加了一大二小户型(占 25％),平面利用系数达 64％,适合于老厂及旧居住区改造需要一大二小户型比例较多的要求。单元中有的户不能做到独门独户,以及外墙周边较长、凹凸多是不足之处。

在展出的其他各种住宅方案中,还有采用了独立式、天井式等住宅类型的。

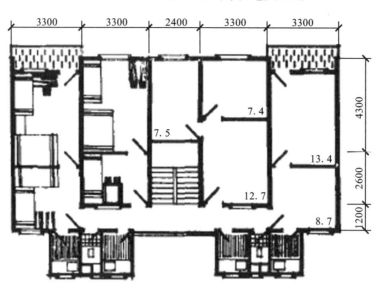

图 32.12　郑州市设计院短外廊住宅方案

二、几点看法

这次推选我省 1974 年住宅通用设计的主要条件之一,是单元组合接近省建委 1973 年试行规定的户室比。即一室户 20%,一室半、二室一户 75%,二室半户 5%。通过评选我们感到有这样一个规律性的特点,即接近上述户室比条件的单元,不同户型的组合在符合平均每户建筑面积控制指标的情况下,一般大居室均在 14 m² 左右,中小居室 7~9 m²。因此,在今后确定建筑面积标准和住宅单元的经济性时,可把面积列为一个补充指标,其原因如下。

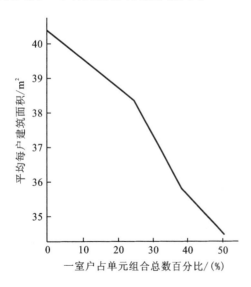

图 32.13　平均每户建筑面积与一室户百分比的关系(以豫住 74-7 型为例)

①由于户室比与平均每户居住面积的相互制约关系,一室户的比例直接地影响着平均每户居住面积的变化(见图 32.13)。换句话说,一室户的比例是确定平均每户建筑面积的前提,以豫住 74-4 甲单元为例,该方案是一室半户的方案,当补充带有一室户的乙单元时,一室户比例增加,平均每户建筑面积下降。

②一室户比例的确定,为控制新建厂矿企业一次投资兴建的数量,基本上适应企业投产一定时间内住宅的需要,又注意了新建厂矿节约非生产性建设项目投资的需求。

但对于老厂扩建,针对城市居民、干部等不同对象,据调查一室户的比例往往随着时间的推移而稳定下来,迫切要求修建以一室半户为主的单元以及二室半户和一大二小户型的单元。因此,通过大、中、小居室面积的控制指标,就有可能全面正确评价与推选住宅方案。这种情况,也就是在某一单位扩建住宅时,一般不可能都按规定户室比选择住宅单元。如前所述,户室比的作用仅为在一定的户室比条件下控制平均每户建筑面积。如在这次方案讨论中,有的市住宅方案未能入选,主要是缺少带一室户的单元,而在实际情况下,这种不提高平均每户建筑面积而增加一大二小户型的做法是可取的。又如有的单位修建的住宅一室户比例较高,分配时占用了两户,浪费了一个厨房的面积。

③在以一室半户为主或在单元中二室户和一大二小户型比例较大时,只要平均每户建筑面积接近上限指标,我们认为,这样的单元还是符合住宅技术经济指标的主要规定的。

这次住宅方案的展出与评选,反映了我省广大设计工作者经过无产阶级"文化大革命"的战斗洗礼,进一步贯彻执行了"备战、备荒、为人民""勤俭建国"的方针,展现了下楼出院、深入实际、调查研究、实行"工人、领导、技术人员"三结合所取得的成果。但如何进一步发扬"干打垒"精神,全面地提高设计质量,努力降低建筑造价,还有不少方面应加以改进和提高。在使用方面,应进一步解决通过式厨房的卫生及夏季炎热等问题,处理好厨房与居室、居室与居室的穿套关系,使之更适合于人民居住生活的要求,做好具体的生活、家务、贮藏等方面的安排。在结构方面,积极推广与改进预应力钢筋混凝土等预制构件,改造墙体结构及材料等,在结构布置上力求简单、合理。这次推选的方案也有待于实践、总结,以求多、快、好、省地搞好住宅建设,为改善我省城市居住条件而努力。

(原载于 1974 年第 2 期《建筑学报》)

33. 住宅底层的商店建筑调查

近年来，中南地区的一些大中城市，在新建、改建沿街建筑中，底层商店住宅（即住宅底层带商店的建筑）占了一定的比例。据统计，仅 1971—1972 年，武汉市即建造 50000 余平方米，郑州市建造 20000 余平方米，逐步提高了人民居住水平，增加了生活服务设施，体现了党和政府对劳动人民的关怀，同时也反映出国民经济迅速发展的大好形势。

我们通过底层商店住宅的设计实践，以及对郑州、武汉、长沙、湘潭、广州等城市同类建筑的调查，学习了各地底层商店住宅的建设经验。我们感到，这类建筑对于城市商业网的布点、方便居民、提高建筑层数、节约用地、结合传统习惯以及改善和丰富城市街道面貌等方面具有一定的优点。但由于商店的类别众多，使用要求、服务方式各不相同，在住宅底层设置商店还受到上层住宅布局的限制，使用上相互也有影响等。因此，在设计上还存在一定的问题，有待进一步解决。现在，我们把搜集到的一些资料和情况作一初步分析，并提出我们的粗浅看法，供同志们参考。

一、底层商店住宅沿街布置方式

居住区里的底层商店住宅沿街的布置方式，首先必须从功能使用要求出发，根据居住区总体规划的要求、商业服务设施的级别（如居住区级、小区级），作出商业网的布点，决定商店的性质与规模大小。这是选择底层商店住宅沿街布置方式，搞好底层商店住宅单体设计的前提。此外，还须考虑沿街干道的性质、车流、人流等情况。

从武汉市解放大道两个不同地段成街布置底层商店住宅的两种不同结果，可以看出，居住区规划对布置方式的重要作用。以武汉剧场为中心的一段底层商店住宅，由于居住群的配合，相应地考虑必要的商业服务网点，既满足该地段居民生活的需要，又形成了一组完整的建筑群。相反，在有的居住区的局部地段，因沿街商店设置过多，大大超过该地段居住区的发展规模与可能，长期未能发挥商店作用，只好改作其他用途，造成浪费。

新工业区的居住区建设，或大城市的改建，一般建设量都较大，必须从实际出发作出全面规划，使底层商店住宅的设置与居住区的发展相适应，防止所谓"先成街，后成坊"，片面追求成街布置，单纯以改造城市面貌为由而造成建设资金的浪费。

郑州、长沙、湘潭等地，在建造沿街底层商店住宅时，一般采取填空补齐、折旧建新的方法。湘潭市建设部门在设计商店住宅时，商业网的布点是按住宅建筑面积的一定比例设置的，平均以 2000～3000 m² 设一 2～4 开间的小型商店。这种小型商店多设在街道的转角处。我们认为，这种零星设点的方式，如能统一规划，分期分批逐步建造，既符合当前国家的建设方针，又能为改造旧城、完善生活服务设施、形成统一的城市街道面貌创造良好的条件，是中小城市建设发展中一种比较可取的布置方式。

郑州市中原路新建1号、2号楼,采取T字形街道,并将商店布置在主干道的一侧(见图33.1、图33.2),可以相对减少居民穿越干道,影响行车速度。我们认为这种布置方式可以进一步试验和探讨,在街道转角处设置商店,应考虑必要的小广场,以供停放自行车,利于干道车辆转弯的视线,利于商店人流集散和交通安全等(见图33.3)。

图33.1　郑州市中原路1号、2号楼鸟瞰图

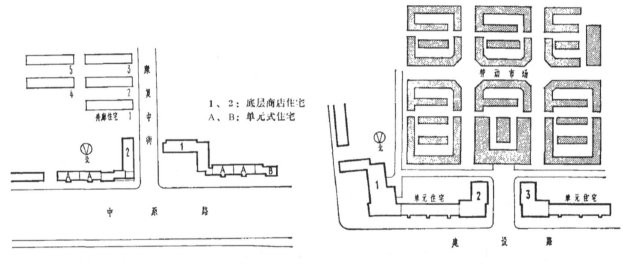

图33.2　郑州市中原路1号、2号楼总平面图

图33.3　郑州市劳动市场1号、2号、3号楼底层商店住宅总平面图

在武汉、广州等地,一些南北走向的街道,住宅居室为避免夏季炎热的西晒,商店、住宅作山字形布置(见图33.4、图33.5),把商店作为住宅的连接体,这样既保证了住户的良好朝向,住宅的底层也为商店提供了必要的辅助用房,又使建筑结构布置较为简易,降低了建筑造价,打破了建筑山墙不能朝街布置的框框,也丰富了街道的建筑空间。

旧城传统商业干道(如郑州的中二七路、开封的马道街),商业网点集中,行业齐全,顾客人流频繁,是居民传统性的采购处所。这类商店大多为全市性的,设在住宅底层就往往感到营业厅狭小,仓库不敷应用,有的还占用了二层居住部分作为商店的辅助用房,住户与商店相互干扰较大。因此,为解决好这一矛盾,不仅应从商店住宅单体方面考虑其特殊性,更重要的是涉及该地段的规划意图及发展方向。这些问

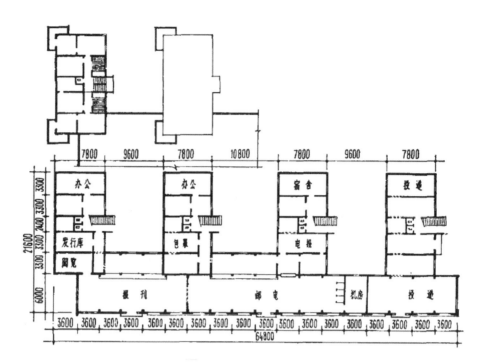

图 33.4　平面呈山字形布置实例之———武汉市武胜路邮局住宅平面

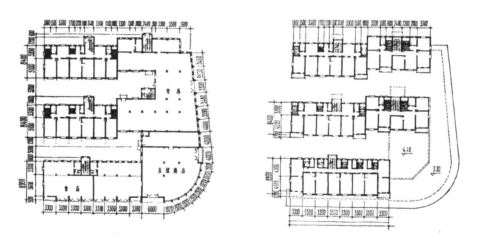

图 33.5　平面呈山字形布置实例之二——广州市教育南路底层商店住宅底层平面及楼层平面

题,在城市规划中必须很好地加以考虑。

二、底层商店住宅的开间与进深

底层商店住宅的开间与进深,取决于商店的规模、性质,货柜的布置与仓库的位置,还涉及住宅类型的选择、住宅户型的安排等因素。

根据调查资料分析:一般营业厅开间选用 3.3~3.4 m,能符合上层居室的布置要求。营业厅的进深一般为 6~9 m。广州、武汉地区为扩大营业厅进深及建筑总进深,采取中间设柱的方案,有利于减小梁的断面,降低层高(见图 33.6)。

底层带商店的住宅,居室一般偏大,平均每户居住面积也较大。因此,如何根据商店的使用要求,选

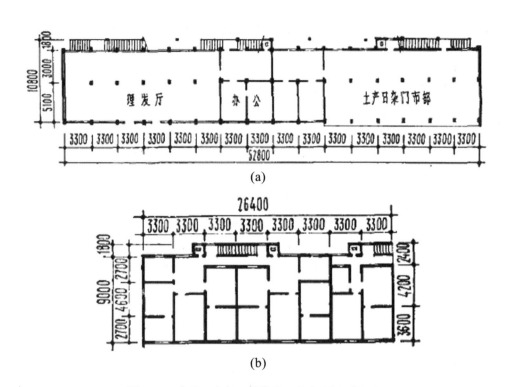

图 33.6 营业厅中间设柱的底层商店实例（武汉市）

(a) 底层平面；(b) 楼层平面

择营业厅的最小进深，对缩小每户平均居住面积，节约国家投资，有着重大的意义。

（1）合理的货柜布置

据调查，日用百货、服装、五金、乐器等行业的商店，营业厅的货柜布置（包括货架、营业员活动部分、柜台），其总宽度为 2～2.5 m（见图 33.7），最小为 1.7 m；而蔬菜及中药商店的货柜最宽可达 4 m。

（2）营业厅的形式

一般营业厅分为开敞式及封闭式两种。

中南大部分地区年平均气温较高，适宜作开敞式的布置，其最小进深在 5 m 左右，仍感到宽敞、使用方便。

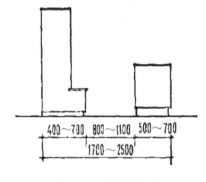

图 33.7 货柜的尺寸

广州市开敞式营业厅的柱柜，采用了 4.8～5.6 m 的进深，如解放北路横向大开间外廊住宅，底层设置百货及食品商店，厅内豁亮、明朗，反映了南方城市商店布置的特点，是一个较好的实例。

采取封闭式营业厅时，除货柜外，应保证顾客有通行回旋的余地，其宽度不应小于 3 m。

双面布置货柜时，建议营业厅的总进深最小宽度为 7.4 m。

（3）是否设置橱窗

目前，商店大都采取前凸式橱窗，虽不增加建筑物的基本结构跨度，但因营业厅前设置了橱窗，影响了内部的采光、通风，又增加了层高。室内空间易感局促与闭塞，进深也就相应扩大。

橱窗内商品的经常更换与损耗，美工布置的工作量较大，对一般的商店也是一个负担。普遍反映，宜少设或局部设置橱窗。如转角地段，在主要干道方向为进行宣传教育、丰富市容，可设置橱窗；而在次要方向采取大采光窗,以保证营业厅的采光与通风。有些商店,如服装店、食品店、水果店等,可利用室内货柜进行适当布置,通过宽大的采光窗,行人可以看到室内,同样可起到美化街景的作用。

三、商店营业厅与仓库及辅助部分的关系

从这次商店的使用情况调查来看,其共同要求是:方便的贮藏位置、足够的贮藏面积及办公、值班等辅助用房,这是为商店创造良好工作条件的基本措施之一。

郑州市一些商店,原仓库与辅助部分占营业厅的30%～40%,有的逐步扩展到100%或超过营业厅面积(见表33.1)。因此,为了既保证商店有必要的库贮面积及辅助用房,又不过于增加建设投资,就应合理地确定商店营业厅与仓库的比例,全面考虑以下几个方面。

表 33.1　郑州二七路底层商店营业厅与仓库辅助部分调查

商店名称及性质	营业厅面积/m²	仓库及辅助部分面积/m²	比例/(%)	辅助部分使用情况
中二七路乐器商店	150	82	55	尚可
中二七路无线电料商店	150	150	100	可
中二七路土产商店	152	116	76	稍小
北二七路服装商店	133	106	78.5	尚可
北二七路体育用品商店	115	164	113	稍小
北二七路医药商店	80	68	85	较小

首先,应依据住宅底层商店的位置、规模与行业性质,选择一般只进行进货、销售或服务,功能要求不太复杂的商店(如百货、服装、文具、食品等)作为住宅的底层商店。

在调查中发现,个别住宅底层商店由于面积、规模较大(如采用多开间,双跨7.5 m柱距的进深,营业厅达500余平方米,营业人员共百余人),除要求扩建仓库外,还须增加职工生活福利用房(如职工食堂、托儿所、存车棚以及后院等),加以上层住户相互干扰,带来使用上的诸多缺点。因此,住宅底层商店的规模应该有所控制,不宜太大,才能安排好必要的仓库及辅助用房。

据我们调查统计,居住区级的一般商店,营业厅的面积为80～250 m²,从当前使用情况看来较为相宜。

有些商店,由于功能、服务方式等方面的要求,生产流程较复杂,因而辅助面积较大,如餐厅、营业厅与辅助部分之比至少应为1：1.5;加之,后院厨房的气楼、烟囱林立,煤烟、油气扩散,严重妨害了街坊院落的整洁及上层住户的卫生条件。我们认为,这类商店一般均不宜放在住宅底层。

其次,还应考虑商店的种类、季节性的供应变化,以及不同行业商店所要求的辅助部分等。以土产为例,具有产地广、规格杂、种类多、体积大等特点,有些还须露天后院堆放,供顾客选购。又如服装商店的成衣,过季棉、单衣的贮存;食品店夏季的冷饮供应,汽水、啤酒瓶箱的堆置,都占了相当大的面积。在节日集中供应商品的商店,应考虑其临时调剂贮藏的可能性。

对不同行业必要辅助部分的配置,如照相馆的冲洗暗室,理发店的锅炉间、更衣室等在设计时可根据其规模大小和使用要求加以布置。

总之,确定商店营业厅与仓库的比例,必须因商品的周转率以及商店的行业、规模、使用要求而有所

不同。从我们调查的部分居住区级商店仓库与辅助部分的统计资料来看,其面积一般不小于营业厅面积的50%(见表33.2)。

表 33.2 武汉解放大道底层商店营业厅与仓库辅助部分调查

商店名称及性质	营业厅面积/m²	仓库及辅助部分面积/m²	比例/(%)	辅助部分使用情况
华丰副食品商店	253	148.8	59	尚可
友谊理发厅	143	58.8	41	尚可
中草药门市部	134.6	88.4	65.5	较小
向荣餐厅	250	292.9	117	较小
光荣照相馆	115.8	36.8	31.6	稍小
康乐体育用品商店	119	78.5	66	较小

仓库与辅助部分的位置以设在营业厅后部的较多。在不同住宅平面布局情况下,应考虑仓库辅助部分与建筑进深的关系,选用不同的剖面形式(见图33.8),以适应结构方案的布置。仓库及辅助部分也有设在两侧或中部的。广州的商店,因楼层较高,采用阁楼方式,作为办公或贮藏体轻量小商品的空间。

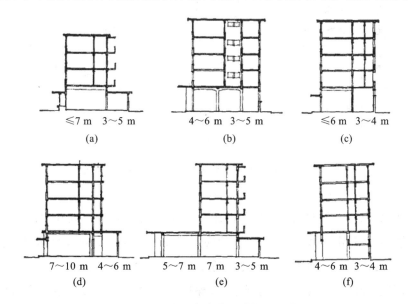

≤7 m 3~5 m
(a)

4~6 m 3~5 m
(b)

≤6 m 3~4 m
(c)

7~10 m 4~6 m
(d)

5~7 m 7 m 3~5 m
(e)

4~6 m 3~4 m
(f)

图 33.8 底层商店的几种剖面形式

四、住宅类型的选择

商店上层住宅类型的选择,除应满足各地区住宅在功能使用上的要求和特点外,主要应很好地处理各种不同住宅类型与商店在平面布局、剖面形式、结构方案以及使用上相互影响这几方面的关系。

分析各地底层商店住宅的较好实例,发现有以下共同特点。

①住宅类型保留了原地区住宅通用设计的一些较好处理手法,综合考虑选取良好的朝向,组织穿堂风,并尽可能地做到独门独户,以保证居住生活环境的安静等。

外廊式住宅适合中南地区气候特点,是受广大群众欢迎的一种住宅类型。在底层设置商店,将楼梯布置在一端或两侧,使底层营业厅取得多开间连续畅通的空间,便于不同商店灵活分隔或变更服务内容及方式。在采取框架结构时进深可较大。但若外廊过长,外廊朝街坊内布置欠妥时,则相互干扰较大。

广州内天井住宅(见图 33.9)利用内部小天井保证了良好的通风条件,适应了广州地区夏季的炎热气候。商店的总进深可达 13.40 m,对商店的布置和使用有着较大的灵活性。

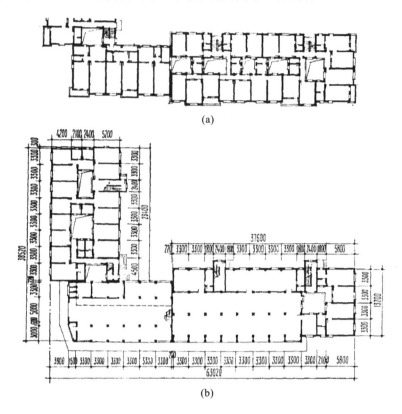

(a)

(b)

图 33.9　广州市教育北路采用天井的底层商店住宅

(a) 楼层平面;(b) 底层平面

②住宅类型多样化,以符合不同规模商店的使用要求,注意了商店后部与住宅出入口的安排。

武汉短外廊横楼梯方案,由于楼梯突出在外,使底层营业厅多开间空间宽敞连续,同时也具有单元式住宅分户明确、干扰少的优点。在两单元楼梯之间适于布置商店的仓库。

在商店规模小、要求开间少、进深浅的情况下,直梯单元式也是一种可采用的商店住宅类型,它具有单元式住宅使用的优点,且建筑结构布置简易,造价较经济。

③较好地解决了商店、住宅在功能上的不同所带来的底层多开间、大空间与上层小房间、多隔墙的矛盾,注意选择坚固、合理、经济的结构方案,改进托墙梁的计算方法。

为更好地解决商店及住宅两部分在功能使用上的矛盾,除选好住宅类型外,还须注意水电管线的设计与布置。

在有可能时,上层住户分配给底层商店的职工,有利于对商店的管理。

五、底层商店住宅的建筑处理

底层商店住宅有时与邻近住宅相毗连或间隔,有时以"一条街"的形式出现,配合着其他文化、卫生、行政等公共建筑以及道路、广场、绿化的综合处理,构成了沿街建筑群体的面貌。无论采取哪一种方式,首先，必须正确反映商店住宅建筑形式与内容的相互关系，满足建筑功能使用上的要求与技术经济的合理性。其次，应从街道建筑群的整体性出发，考虑商店住宅与住宅或公共福利建筑的配合安排，使之主次分明、重点突出、体量匀称，街道与街坊内成为相互协调、和谐的整体，有助于形成居住区亲切、朴实的气氛，反映出朝气蓬勃、欣欣向荣的面貌。

底层商店住宅在不同的地段布置，如各街道的"十"字形或"T"字形交叉口，主要街道与小区入口的转角地带等，应很好地考虑体型、体量、建筑层数与高度、建筑间距等方面的关系，使沿街建筑群体多样而统一、丰富而协调。

郑州劳动市场2号、3号楼为市场的入口，作对称布置；在色彩与材料质感方面采用对比手法，体型简洁、外观朴素。

底层商店与上层住宅墙面水平与垂直的划分，窗台、檐口等线脚的宽窄比例，门窗虚实变化，材料的质感以及色彩的深浅等，在经济合理的前提下应该进行很好的处理，以求得简洁与均衡的效果。

此外，结合规划意图及功能要求，利用底层商店住宅所特具的各种构件（大雨篷、橱窗、采光窗、商店入口、标语字号、漏窗花格、阳台凹廊等），加以恰当安排与适当的重点处理，可以反映出商业居住建筑的特有格调。

底层商店住宅的建筑设计，必须按照"适用、经济、在可能条件下注意美观"的原则，总结经验，进行探讨，在实践中不断提高。

（原载于 1973 年第 2 期《建筑学报》）

34. 中医院建筑调查

结合教学、科研和参加某中医院的设计,我们在郑州,并先后到北京、上海、天津、重庆、南京、广州、沈阳等十余个大城市进行了调查访问,还向许多老中医、药师及各级卫生部门负责的同志征求了意见,进行了座谈,搜集到一些片段的资料。现在仅就调查中的几个问题作一扼要介绍,并提出我们一些粗浅的看法,供大家讨论。

一、中医院的选址及总体布置

中医院以治疗慢性病为主,多数患者都能自行活动,需住院治疗者较少,门诊患者多,且每座城市又仅设一至两所中医院,因此恰当地选址,使其位置适中、交通方便,又能"闹中取静",满足医院特有的要求,成为中医院选址中的一个突出问题。一般中医院选址往往只强调了安静的方面,如某地中医学院医院,就是只照顾了安静,把医院放在位置偏僻、患者不便求医的地方,群众对此有意见,尽管这里的医疗水平、设备条件均较完善,但门诊人次的上升却远不及某些条件较差而地点适中的医院,这是一个很好的对照。相反,某些医院只顾及位置适中、交通方便而忽视了如何从"闹中取静",经常受街道及其他噪声的干扰,从而影响到医生的诊断和病人的休息。位置较为恰当的,如南京中医院(见图 34.1、图 34.2)、上海曙光医院、河南中医院(见图 34.3)等,虽基本上靠近城市主要干道,但仍与闹市保持着一定的距离,且门诊入口又很明显,患者寻找方便。另外,虽临近主要干道,但利用四合院或套院等方式,把诊室退到里面的布置方法,如北京大佛寺中医院、上海中医学院附属龙华医院(见图 34.4)等亦可弥补过分喧闹的缺陷。

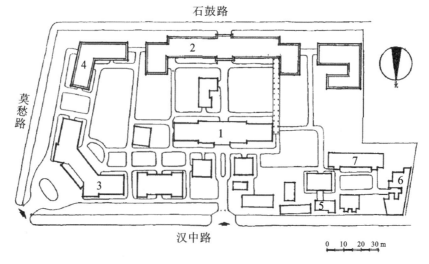

图 34.1 南京中医院总平面图

1—病房楼;2—门诊部;3—加工楼;4—解剖楼;5—食堂;6—宿舍;7—医士楼

图 34.2 南京中医院门诊楼外景透视

图 34.3 河南中医院病房楼外景透视

图 34.4 上海中医学院附属龙华医院鸟瞰图

在总体布置方面,集中布置的缺点颇多,不适合中医治疗的特点,如有的中医院(见图34.5),把门诊、住院、药房、辅助医疗以及行政管理等全部集中在一幢楼里。由于当前中医院毕竟还是以中医治疗为主、西医治疗为辅,门诊、病房对一般辅助医疗设施的使用不很频繁,且门诊与病房布置过近,影响患者的休息,并易于发生交叉感染。

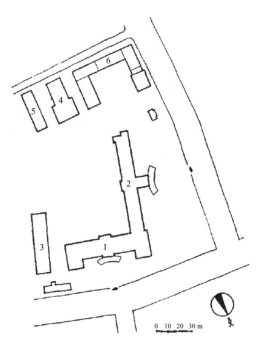

图 34.5 某中医院平面

1—门诊及办公楼;2—病房楼;3—食堂兼俱乐部;4—药房;5—解剖室;6—锅炉房、洗衣房

不过门诊部与病房相距过远,给医生会诊、送药等往返也会带来诸多不便,仍是很不理想。因此,最好是按各部分的使用性质分别设置,利用敞廊或套院等方式予以适当的联系,使之符合传统的"分而合,合而分"的处理手法。

中医院的布局及建筑形式,应吸取一定的传统手法而使之具有民族风格,它既要体现出祖国医学欣欣向荣发展的新气象,又要避免一般西医院的过于"庄严肃静",使人民群众感到亲切、畅朗,而又不失去医院建筑特有的气氛。"医院中国化"肯定是今后医院发展的方向,也是有待于大家共同努力创作的方向。

中医院绿化环境的布置。慢性病患者除需要新鲜空气和较为安静的环境,来获得良好的休息之外,还需要进行适当的户外活动,如散步、练气功、打太极拳等,不必整天卧床静养。因此,在绿化问题上就显得比西医院更为重要,如设置活动场地、小游园,条件较好的再配以亭、台、水池等。目前有些中医院绿化很差,院内显得空旷、单调。在进行绿化布置时,应吸取过去有些中医在其房前屋后种植部分药草的传统习惯。最近,已在个别中医院着手试验利用绿化用地来栽培药草,取得了较好的效果。一致认为中医院以"药化"来代替"绿化"和"香化"的办法是值得研究与推广的。

二、门诊部

中医院的患者大多数在门诊诊断和治疗,因此门诊人次与病床数的比例就大为提高。从各地反映的情况来看,门诊人次过高往往会对工作的平衡及医疗质量的提高有所影响。又因一般慢性病患者住院期长(据 1960 年统计:天津中医学院医院为 53~60 天,长春中医院为 54 天,北京中医学院医院达 100 天左右),病床周转慢,如仍按西医院 2:1 或 1.5:1 来计算的话,必然要大大增加医院病床,不然就需大力控制或减少门诊人次,这是不符合实际情况的。根据中医教学、科研的特点以及满足患者求治的愿望,仍须适当多设门诊。据多方面的商讨和研究,初步认为中医院门诊人次与病床数的比例一般以 4:1~5:1 较为恰当。

中医院门诊科室的设置在当前须考虑到因人、因地、因时而异的特点,不宜作统一规定。但随着中医研究工作的迅速开展,其科室的设置也必然逐渐细致和明确,且近代许多医疗诊断科室(如 X 光、检验、注射等)也应完备。但在中医院内也不宜像西医院那样一切齐全,应有计划、有步骤地加以发展,盲目求新求全往往只会造成浪费。

急诊在很多中医院内部没有考虑,而实际仍很需要。同时在某些条件较好、设备较完善的大型中医院内如北京中医研究院还应设有专为接待外宾等使用的特诊室(见图 34.6)。

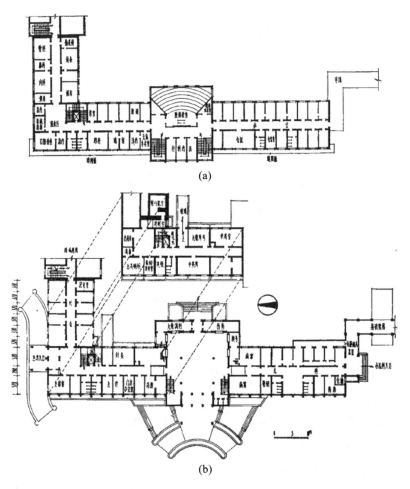

(a)

(b)

图 34.6　北京中医研究院设计方案

(a) 四层平面;(b) 底层平面

各科室的位置应根据患者的性质(病情的轻重及有无感染和其抵抗力强弱等)、科室患者的数量多少

上篇　学术论文

和其行动困难与否,以及各科室的治疗特点等因素来决定。同时尚应考虑到随着季节的改变,各科室人次比例会相差悬殊,如春季、秋季和冬季是多种病症的多发季节,因此在科室的布置上应使其随着季节而有改变、合并和灵活调剂使用的可能。

中医院很多疾病的初诊一般都在内科,因此内科的门诊人次数量最多。各医院内科诊室数量的配置虽已不少(见图34.7、图34.8),但使用时往往嫌不足。所以必须根据内科初复诊人次及其比例和最高峰时期(上午10:00—11:00)的患者数量,以及医生、徒弟和实习学生配备的多少,每一中医大夫平均的工作时间和看病人次(诊断能力)等全面加以统计,确切地制定出科室的数量和面积。

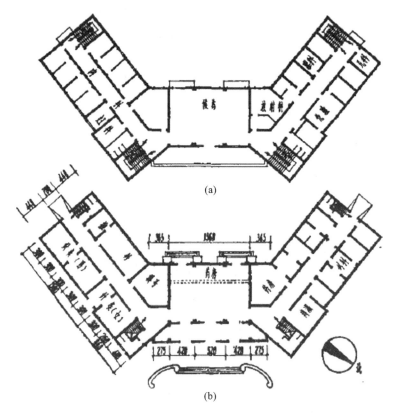

(a)

(b)

图 34.7　南京中医学院附属医院门诊楼

(a) 二层平面;(b) 底层平面

目前的中医院多附属于中医学院,门诊部兼作教学实习的基地,因此经常有学生在诊室进行临床实习,另外还有师傅带徒弟的培养方式,所以诊室必须宽敞,除医生、患者外,还须考虑徒弟及实习学生的位置,并配备必要的家具,但由于某些家具(诊察桌等)尺寸过大,诊室显得拥塞。

每一诊室内医生数量不宜过多,一般以1～2位医生一间诊室较为适宜。而目前有些中医院,十几位医生挤在一室诊病,使用时有很多不便。

中医针灸治病方法简便、经济、效果良好,因而门诊人次也较多。针灸在治疗上分为坐、卧两种方式,所以须为患者设置座椅及卧床。为便于医生在诊断后即自行针灸,可采取大间诊室,把诊察与治疗室合在一起的布置。诊室的大小以一位医生可照顾5～8人来考虑。当有护士照顾扎针或床位较多时应使两者分设,但每室治疗床位仍不宜过多。如有的中医院针灸治疗室放有42张治疗床,常因采取艾灸穴道而使室内烟雾弥漫,患者常常产生晕针及不适等现象;且男女混在一室脱衣治疗也很不便,所以设计时应将

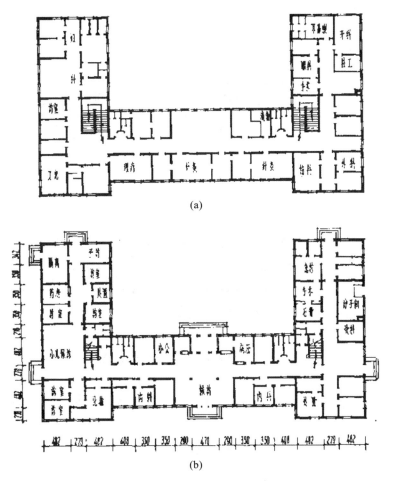

(a)

(b)

图 34.8　河南中医学院附属医院门诊部

(a) 二层平面；(b) 底层平面

男女治疗室分开设置。有的医院将小儿治疗室另辟专室，这对避免小孩哭闹相互影响是有好处的。

由于针灸的行针时间在 20～40 分钟，为使赤裸身体治疗的患者不致发生感冒和晕针，室内宜考虑设机械通风及局部的采暖设备。

中医内、妇、儿科关系极为密切，宜作毗邻布置。为了避免交叉感染和小儿吵闹的影响，把儿科单独设置在底层，另考虑预诊、隔离等室以及专用的出入口是否适宜。但在小儿科内部不宜像西医院那样设置专用药房，因为中药极为复杂，品种繁多，以及占地面积很大等特点，假如机械地搬用西医院的那套办法（见图 34.9），则会造成人力、物力的浪费。如果在设计中能把药房部分作合理的布置，使之共同使用则更为理想。

在几年中医院的调查中发现，门诊部的候诊方式也是一个很重要的问题。一般反映采取集中候诊及走廊候诊均感紊乱、拥挤，既给工作带来许多不便，又增加了相互感染的机会。从中医诊病的特点（主要是通过四诊来进行诊断）以及患者需要安静和接近诊室的心理意愿来看，最好是采用分科候诊的方式。候诊面积的大小应考虑到各科室最大停留人数（可按全日门诊量 30% 计），以免造成空闲、拥挤不均的情况，如上海中医学院附属龙华医院的针灸科由于预约挂号的居多，病人等候时间较短，使候诊厅显得过于宽大而造成浪费（见图 34.10）。因此，我们认为，确定候诊面积的大小除考虑上述因素外，还须结合各科

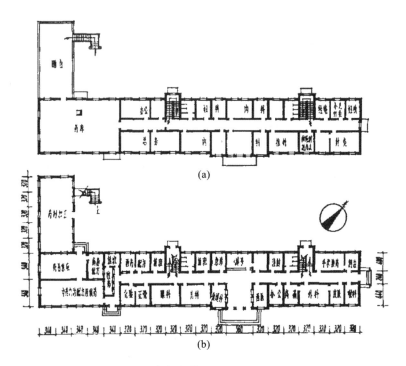

图 34.9　上海中医学院附属曙光医院门诊部

（a）二层平面；（b）底层平面

室初复诊的比例,所采取的挂号办法,患者的行动情况(是否有担架或陪同人)以及各科室的医疗特点等全面考虑才适宜。

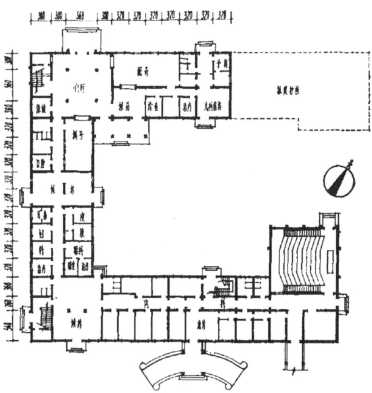

图 34.10　上海中医学院附属龙华医院门诊楼底层平面

三、药房部门

药房是中医院的重要组成部分之一,同时中医、中药有着密不可分的联系。中药在加工、制作、用量、储藏等方面又较为复杂和多样,因此药房设计的好坏对中医院使用上会产生显然不同的影响。

药房基本上可分为四个组成部分:配方部、候药处、药库和药剂加工部。

配方部:即一般所谓的药房,在目前几个中医院门诊部中所采取的布置方式大致可归纳为下列几种。

①按西医院那样把中、西药房,挂号,收费全部集中在门诊入口大厅一带。由于中医院药房部门所占的面积要比西医院的药房大得多,除将药房单元设在"丁"字部分,退进后面之外,一般做法均把门诊入口附近最好、最方便的地方占去很多,影响到各科室及药房本身各部分的合理布置,同时也不可避免地造成门诊大厅的拥挤和紊乱。

②药房放在门诊楼的一个尽端。这较上述的布置方式有很大的改进,基本上克服了上述的某些缺点。但在使用时暴露了另一个问题:对靠近药房一端的科室患者使用上比较方便、合理,而另一端的患者则相距稍远,且要穿越其他科室的走廊而感不便。

③药房单独设置在一栋楼内,如将它布置在出口和门诊科室之间,使患者候药时可在较为宽敞而舒适的外廊或庭院内休息。采用类似做法的有成都卫协中医院和上海曙光医院,在使用上均避免了上述两种做法的一些缺陷,并对药房内部的合理布置更为有利。

另外值得注意的是,中、西药房必须予以分设,上海龙华医院原将中、西药房合并设置,但在未开诊前即分开使用了,将候药部分辟作西药房(见图 34.11);如有可能仍须将中药合剂、成药作适当的分隔,避免在卫生上、管理上所产生的种种弊病。

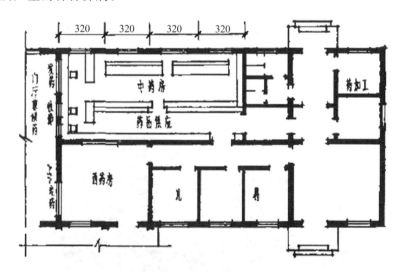

图 34.11 上海龙华医院药房部分现状布置

配方部的设计必需满足使用上的一系列要求,很好地组织收方、划价→收费→配药→发药等路线,合理地确定面积大小、内部家具布置(如药柜等)。而面积的确定,其主要依据是门诊及住院患者与配药服数的比例(目前一个处方一般都开三服药,有些患者可不服药,故其比例可按 1∶2 计),配方人员(每一配方人员一天抓药 100～120 服)人数,药柜的数量及其所采取的布置方式(药柜的抽屉数量以每一配方人员常用药草 100～300 种,手头应有 500～600 种,每一抽屉视其大小可隔放 2～3 种计),药柜必须在建筑设计时加以统盘筹划与布置,选择合适的尺寸、构造方式(如防虫蛀、鼠咬等),并尽可能在设计时做成固定式药柜更为有利。

配方部的布置方式一般可分下列两种。

①开敞式(见图34.12)。这是传统中药铺的布置方式,患者与配方人员较为接近,甚为患者欢迎。但这种布置的缺点是占用面积很大,工作面长,室内人多较乱,工作效率较低,是不够经济的。

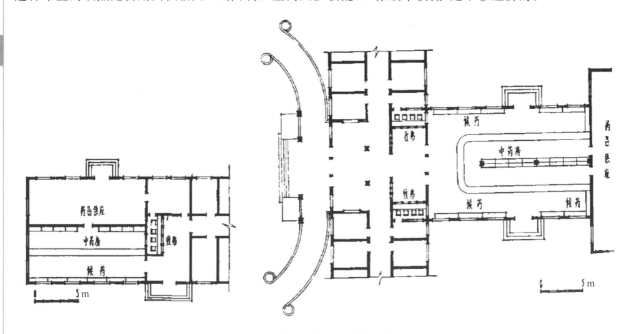

图34.12 开敞式中药房布置

②封闭式(见图34.13)。这种布置的优点是占用面积较小;而当采用流水操作时,通过辽宁中医学院医院的实践证明,其工作效率可提高70%左右。这虽使患者稍感不习惯,但较为经济,因此各地采用较多(如沈阳、上海)。

图34.13 封闭式中药房室内透视

为方便患者服用中药,各地中医院一般都设有代患者集中煎药处,改变了自古以来"中医开方子,在药店抓药,自己煮煎服用"的过程,是很必要的。但因煎药剂数过多,煎熬时产生的烟气很大,设计时须注意煎药室的位置及煎药设备,使其不影响邻室及本室的通风、防火及卫生等条件,并应尽量缩短药剂运送的路程,使之不远离配方部为宜。

由于中医治病的特点主要是"辨症施治、随症处方",取药时不能像西医院那样预先做好"协定配方",多数均需要临时一味药一味药地抓、一钱一两地称。据几个中医院的统计:一个配方人员平均每小时只能抓12~15服药(采取流水操作时可达20服左右),因此病人的候药时间相当长,故其所需的候药室应适当宽敞,且不与其他候诊及挂号等部分混杂才合理。

药库:中药的种类繁多,在千种以上。其中绝大部分是草药、生药,所占体积很大,用量亦多。为利于卫生及管理方便,宜按其性质分别设置草药库、原生药库、半成品及成品药库、贵重品药库和西药库等。

各库房面积的大小应根据医院用药量的情况、药品的贮存方式(如箱、瓶、罐等)进行全面考虑。

库房的位置一方面应使运输、保管方便,并与配方部直接连接,另一方面还需注意到大部分药物有防潮、防蛀的要求。有些医院把库房布置在地下室内,或布置在第四层楼上,以及因库房面积及位置确定不周形成随处充塞的情况,是不符合要求的。我们认为直接把库房布置在配方部的楼上才为相宜,这不仅使二者联系紧凑、使用便捷,并由于房屋高爽,空气流通,采光良好,可防止药草的霉坏、返潮等,库房的地面以采用木地板为佳。

另外,由于中药药性极为复杂,个别的药材尚应注意其特殊的贮藏要求。如有些宜埋入沙土中,有些宜放置于阴暗潮湿处等。

药剂加工部:中药材自采购后除一部分可送入库房外,大部分需进行加工处理(如切洗、去核、各种卫生处理以及制作成药等)后才能入库,因此须设药剂加工部门。根据加工的清洁程度、方式、方法的不同而分别布置,如粉磨、切碎、初加工、制作丸散、炒药、熬膏等。炒药、熬膏的地方应单独设置在通风良好,烟气不影响诊室、病房的地方。

此外,加工后的药材,仍需经日光晒干或烘干,同时储存的药材还须经常翻晒,因此在加工部和库房附近应布置一晒台,并设有部分雨篷以满足其通风、晾干、避雨的要求。如能另设烘房,则更为理想。

上述各部分的联系如图34.14所示。

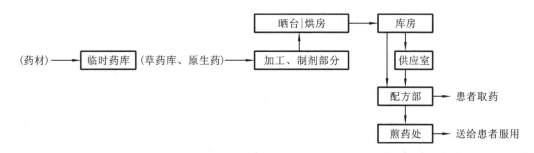

图34.14 中药房各部分功能联系分析

四、病房部分

病房应根据疾病的性质、护理工作能力等因素划分成若干个病区。病区的大小目前各地中医院相差很大,但从慢性病患者一般不需医务人员特殊和经常护理这一角度来看,中医院的病区应较西医院的大,如南京中医院病房楼原设计按25床一个病区,每层设两个护士站,后来合并按每层50床划作一个病区使用(见图 34.15);又如河南中医学院医院新建病房楼原设计即按每层 60 床作为一个病区,布置一个护士站(见图 34.16),经使用证实还是合适的。因此,可以适当地扩大中医院病房的病区,增加病床的数量。我们认为以 50 床左右为宜。

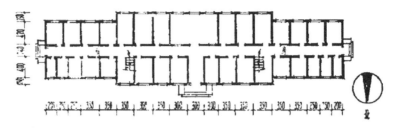

图 34.15　南京中医院病房楼平面

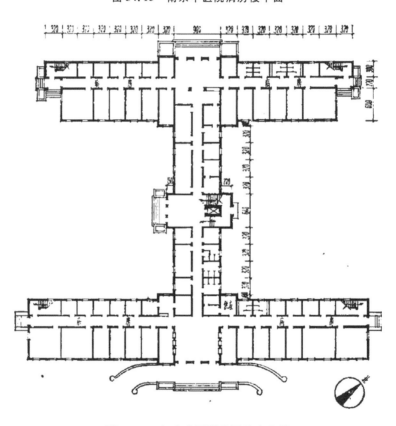

图 34.16　河南中医学院医院病房楼

病室在新建中医院内大都采取一般西医院 1、3、6 床病室的配置方法(见图 34.17),但有些医院在使用过程中将原 1、3 床病室换成 2、4 病床的布置方式。这种使床位各居一角的布置,不仅符合人民群众长期以来的生活习惯,而且基本上可避免飞沫感染(患者轻度咳嗽飞沫可波及 2 m 以上),减少心理上的恶性作用,并使患者免于遭受对流风的直接侵袭,满足了中医治病对"避风"的特殊要求。改变的结果各医院反映很好,患者称便,并希望在今后中医院内更多地采纳 2、4 床病室。当然对为数不多的急重病及传染病患者用的单人病室,为了护理工作的方便,病床不宜靠墙放置。至于大病室(尤其是有 20 多人的大病室),往往由于患者众多,在日常生活接触中,相互影响而产生某些不良的效果(如影响到患者的静养、患者亲属的探望等)。

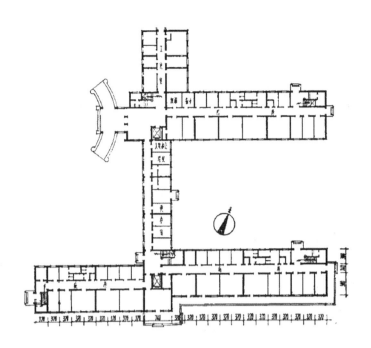

图 34.17　上海中医学院附属龙华医院病房楼底层平面

　　根据中医院患者多数可以自行活动的特点,除重病员外,患者无须在病房内诊治,多在各病区设诊察室,以便患者前往诊治。这既利于患者的治疗,又便于教学、科研工作的开展。

　　中医院病区对阳台、外廊、日光室的使用率较西医院的高。但目前仍有一些中医院的病区既没设置阳台、外廊,又无患者活动室,患者感到非常不便。在扩大患者活动范围之后,病室的朝向却不必过于严格,可打破 80%～90% 病室要朝南的规定,适当增多朝北、朝东的病室。相反,最好保证行动困难的重病患者病室取得良好的朝向。

　　在中医院病区中应设置一定数量供临时煎药使用的炉灶,也可利用配餐室煎药。如果忽视了这一要求,则有些临时热药或煎药以及个别饮食加工问题都无法解决。病区内煎药处的设置应注意到中药煎熬时所产生的气味,宜设在通风良好和较隐蔽之处。

　　至于中医院病房手术部的设计,不宜完全搬用西医院的一套做法。其他入院处、理疗、X 光等部分也应结合各医院当前实际情况设置。

　　注:本文所引用各医院插图,多以当时调查情况为主,个别是按原设计加以标注,目前可能有所变更。

第一作者:张世政

(原载于 1963 年第 4 期《建筑学报》)

35. 洛阳市拖拉机厂职工住宅调查报告

"任何一个部门的工作，都必须先有情况的了解，然后才会有好的处理。"

——《毛泽东选集》

中华人民共和国成立以来，我省的住宅建设和全国各地一样，进行了大规格的兴建，取得了极其伟大的成就，住宅建设在数量上和质量上都有了空前的增长和提高。仅据郑州、洛阳两地的统计，新建住宅的数量已大大地超过了原有城市住宅的总和。截至 1959 年底，新建住宅面积郑州达 200 多万平方米，洛阳达 100 多万平方米，前者相当于原有住宅面积的 3.7 倍，后者是 2.3 倍，至于质量的变化，更是无法相比了。

面貌崭新、规模庞大、"成街成坊"的住宅争相在城市郊区矗立起来，如洛阳的涧西区、郑州的建设区。宽广平坦的大道、开敞明亮的住宅、完善的公共福利设施、良好的绿化……这一切不仅为劳动人民提供了优良的居住和生活环境，同时也丰富了城市建筑艺术面貌，充分体现了党对于劳动人民居住生活的无比关怀，体现了国民经济的巨大发展和人民物质生活水平极大的提高与改善。

通过大规模的住宅建设，在设计方面取得了不少的成就和经验，但由于设计人员在了解情况和体会方针政策方面不深、不全面，也产生了这样或那样的问题，有待于总结经验、发现问题、解决问题，提高设计水平，才能满足客观的要求并与飞跃的发展形势相适应。尤其是人民公社的建立，对住宅建设提出了新的要求，应迫切予以解决。

在党的"大兴调查研究之风"的号召下，根据建工部的指示，在省设计院领导下组织了"城市住宅调查研究小组"进行这方面的工作，对我省的郑州、洛阳等市的不同类型、不同居住对象、不同居住水平的住宅先后作了较为全面的调查，包括工矿企业、学校、机关等不同单位，对我省的住宅建设有了一定的了解。这里仅介绍洛阳市第一拖拉机厂（以下简称拖厂）职工住宅区的调查情况，并提供一些个人粗浅的看法，希望同志们加以批评和指正。

一、住宅区的概况

洛阳涧西住宅区是随着工业建设、工厂的建立相继落成的职工住宅区（如拖厂、黄河冶炼厂、矿山机械厂、滚珠轴承厂等），拖厂仅是住宅区的一部分，长达 4 km 的友谊路及防护地带将住宅区与工业区分隔两侧，保证了住宅区不受工业生产噪声和其他不良因素的影响，而使住宅具有安静而卫生的环境（见图 35.1、图 35.2）。

拖厂职工住宅区规模较大，在 1954 年陆续修建起来，住宅的标准和类型因而各异，居住情况较为稳定，且具有一定的代表工厂职工住宅区的典型意义。以住宅区内 5 号街坊为重点进行了较为全面的普查、意见的征集，其他街坊仅作一般性的了解和访问。结合着重点和一般的调查，试图从中窥测工厂职工

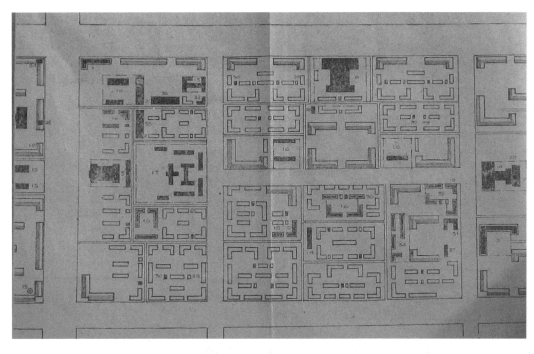

图 35.1　洛阳市涧西区住宅区拖拉机厂生活区

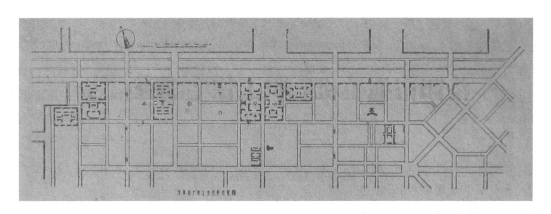

图 35.2　拖拉机厂职工住宅区位置图

住宅建设中的一些问题,并进行探讨和研究,作为今后设计中的参考。

拖厂职工住宅区现隶属于涧西人民公社长安路分社,下设 3 个管理区,包括了 4 号~11 号共 8 个街坊(见图 35.3),占地面积约 60 hm²,每个街坊面积为 6~8 hm²。东以天津路、西以郑州路、南以劳动路、北以友谊路为界,东西全长 1910 m,南北全长 480 m,建筑面积达 202.984 hm²,其中居住建筑面积 155.971 hm²(包括单身宿舍),6 号、11 号街坊的大部分以及零星分散在住宅底层中的一部分为市政、服务福利等单位所使用,共计有 34.247 hm²,占用建筑面积数量不少,约占全部居住建筑面积的 22%。

(1) 住宅建筑情况

拖厂职工住宅区是 1954 年开始兴建的,至 1956 年除 4 号、5 号两街坊外已基本建成。由于住宅是在不同年份中建立的,因此建筑的质量、标准、层数也就不同。如以 10 号、11 号两街坊为代表的高标准住宅,在外观上采用了较多的檐口、屋顶、山墙的装饰细部,内部带有壁橱、浴室等。在 1955 年反浪费后,除

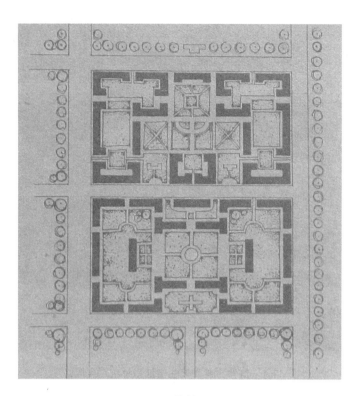

图 35.3　街坊平面图

沿干道建筑了砖封檐清水墙,取消了带阳台、壁橱的三层住宅外,街坊内部改为平房住宅(见图 35.4),如建设了全部为平房住宅的 7 号、8 号两街坊,楼层住宅单元为大面积多室户(3、4 居室)组成的内廊式住宅(见图 35.5)。以上这些方面多多少少也反映了复古主义、片面节约、"合理设计,不合理使用"的设计思想和观点。在 1958 年经过了调查、征询居住者以及房管部门的意见后,设计了户室较少的小面积外廊式住宅(见图 35.6)。

平房住宅除设有厨房外,还有集中供水及公共厕所,设立供水站小型建筑,其服务半径一般在四五十米,使用方便,三层单元式住宅水、电、卫设施俱全。

(2)公共福利设施情况

拖厂住宅区设有为职工服务的各项生活福利设施,分布在各街坊内,如:①食堂设有 9 个,规模最大的就餐人数达千余人,并在街坊内分设售饭点,另设营养社、回民食堂;②托儿所、幼儿园正式建造的有 7 所,另在住宅区内新设立的计有 4 所,托儿入园儿童达 3471 人,包括全托住园者 807 人,另设营养托儿所一所,目前入托人数有 300 余人;③小学计有 4 所,学生 3000 余人;④商业服务机构零售店分设在各街坊内,区附近有大型市场两处;⑤文化娱乐场所除区内的职工俱乐部在 7 号街坊,红星剧场在 7 号街坊,区附近还有中原电影院及文化宫各 1 座;⑥医疗保健场所,在区内有保健所 2 所及职工医院、妇产院各 1 所。

随着城市人民公社的建立,纷纷在街坊设立了各项社办工厂,如与居民直接有关的被服厂、洗染厂,设有机械化洗衣设备,其他如机械加工厂、产品加工厂、造纸厂等,利用大厂边角下料加工零件及小商品。

(3)居住情况

目前拖厂职工人数为 22370 人,其中单身职工 16000 余人,占总职工数的 77%,带眷职工有 3789 户计 14441 人,共有居室 4694 间,居住面积 59745 m²,平均每户 18 m²,每人平均居住面积 4.15 m²,单身职

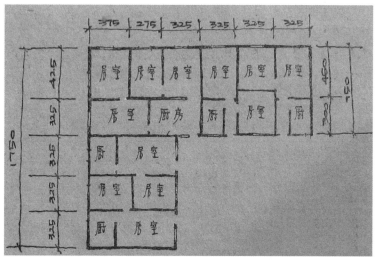

图 35.4　平房住宅转角单元平面图

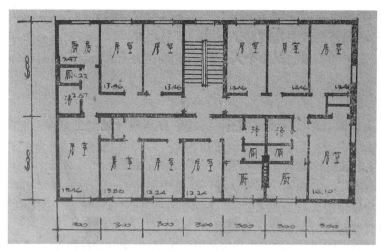

图 35.5　内廊式住宅单元平面图（七开间）

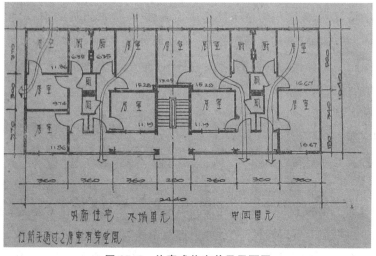

图 35.6　外廊式住宅单元平面图

工占用居住面积 45600 m²，每人平均居住面积 2.6 m²。

单身职工住房普遍感到拥挤，缺少衣服、被褥、箱、包的存放处所，大部分单身职工住在住宅建筑内，不仅使单身职工在生活上有所不便而且也浪费了辅助面积（如厨房、厕所）。

家属住宅居住面积定额虽已符合当前国家标准，但由于设计的问题出现居住条件不合理的现象，住户占用房间以一室户比重最大，约占调查户数（1054 户）的 76.5%（见表 35.1）。

表 35.1 住户占用房间（户室比）统计表

住宅类型	调查户数	一室户		一室半户		二室户		二室半户		备注
		户数	占比/(%)	户数	占比/(%)	户数	占比/(%)	户数	占比/(%)	—
内廊	362	293	81.2	—	—	62	17.15	7	1.94	原户室比
		158	43.7	154	42.5	25	6.9	25	6.9	调整后户室比
外廊	692	508	73.4	—	—	181	2620	3	0.40	原户室比
		343	49.5	269	38.7	21	3.2	59	8.6	调整后户室比
内外廊合计	1054	801	76.5	—	—	243	23	10	0.35	原户室比

注：原户室比是按每户用房间数统计的。

二、住宅的使用情况及其初步分析

通过对几种住宅类型的调查，广泛征集了对主要部分（居室）、辅助部分（厨房、厕所、贮藏室等）的使用情况、意见和要求，以下就这几个方面进行归纳和分析。

（1）居室

居室在当前大多数家庭中除具卧室作用外，还兼有着休息、活动进餐、会客等多种用途。在使用上存在的较为突出的问题是：居室面积大，居住人数多，而造成三代同居的不合理现象以及人多而使彼此相互干扰的问题。如内部多室户大面积居室中 14 m² 以上的居室占总间数的 88.5%，外廊式住宅大居室较少，因此存在三代同居的不合理现象须分室居住的家庭户数，外廊比例较内廊相应地降低。在目前居住水平及住宅数量不足的情况下，大面积居室不能适应大多数 4~6 口组成的家庭，在分配时住两间嫌大，又超过当前标准，而住一间，床铺、家具等尚能摆开，所以仍分配一间。据统计，家庭人口愈多，家庭结构关系愈趋复杂，因而居住在一室内在生活上会产生种种不便。

为此，确定合理的居住面积应从以下几个方面着手：

①每间合理的居住人数；

②每人居住面积定额；

③必要的家具设置及活动空间；

④远近期结合。

拖厂居住户以新参加工作的工人居多，因此家庭组成中 1~4 口的占总调查户数的 54.7%，而每间合理的居住人数即是在生活习惯上可以同住一室（如夫妇及未满 12 岁的儿童）的人数，其中 4 口之家的家庭占总户数的 70% 左右。结合当前每人居住面积定额，并以居室最多住 4 人考虑，则此室应为 16 m² 左右，但 4 口之家中仍有 30% 需要一室半住宅，即家庭中除夫妇、子女外，包括老人或其他同辈须分室居住者，因此适当地将一室户面积由 16 m² 降为 14 m² 或 12 m² 基本上能适应 1~4 口家庭的居住要求。

另外,对于 5~6 口及 6 口以上的家庭,必须配有 1~3 人居住的较小居室,一方面满足多人口家庭的居住需求,另一方面适应在生活习惯上分居的需求,因此可采用如下的居室面积:

①一室户,12 m²、14 m²,为 1~4 口人居住;

②一室半户,14+8=22 m²,为 4~6 口人居住;

③二室户,16+12=28 m²,为 7 口人居住;

④二室半户,16+8+8=32 m²,为 7 口人以上居住。

以此居室组合,据表 35.1 所列外廊调查户数的家庭人口及家庭人员结构关系,试分配结果,平均每人居住面积为 4.25 m²。通过居室大、中、小的比例与外廊的比较,可明显地看出,大居室所占总间数比例降低了 27.1%,而小居室比例增多了 22.1%。所以以大、中、小居室相结合,以中、小居室为主的分配在使用上存在更多的优越性。同样据内廊住宅的不同家庭人口及人员结构关系试分配,其结果也是显然的。

14 m² 的居室可布置必要的家具,通过调查家具基本包括床、方桌、三斗书桌、凳、椅、箱等几种,种类不多,五斗柜、衣橱均较少见。考虑在 14 m² 居室中除基本家具外,适当有添一两件家具的可能,其活动面积仍可不低于居住面积的 45%。在二室户及二室半户居室中考虑 16 m² 居室可满足多口人家庭的团聚,当居室附带设置阳台、壁橱时,须注意其留门的位置,不应影响家具布置的灵活及完整的活动面积。

在调查中,居室过于狭长,开间净宽在 3 m 以下,则床不能横放,居室后半部采光差。

①小面积居室前后相套,使前室使用面积更小,除两床、一桌外,无回旋余地。

②原两大居室相套,分配不灵活,而后加建走廊分住两家。

③居室中未能充分利用空间,使零星物什平面展开而造成拥挤。

④在内廊尽端单元将正面窗移至山面,既影响采光,又使前半室通风不良。

⑤居室门与厕所门(外廊)相对齐,臭气易入侵。

因此,完善地为居室创造适用的条件,还应综合解决居室的形状、比例,套间使用的对象,小居室的室内处理和空间利用,以及居室与其他辅助部分相互联系等问题。

(2)厨房

城市公社化以后,设计人员对住宅中厨房的设置与作用提出了各种看法,如以公共食堂或以公用厨房代替每户的小厨房,又如设置小厨房与参加公共食堂之间的矛盾,有碍于生活集体化等。因此,在某些住宅设计中因不设置厨房或仅设公用厨房,而给居民生活上造成不便,以概念代替了实际。通过调查,不仅反映了这种设想是行不通的,同时在探讨这个问题的时候,必须与社会的生产方式与生活方式相联系起来,才能对厨房的目前以及将来的情况有一较为明确的认识。

首先应予肯定的是,公共食堂的建立为劳动群众尤其是为广大妇女参加社会集体生产创造了前提,对彻底解放妇女和促进生产力的发展起着巨大的作用,在现在和将来,公共食堂仍然是集体生产的有力助手,但并不意味着取消每户的厨房。我们知道,推动社会发展的是社会生产力,它取决于社会的生产方式。在社会主义生产方式下的分配方式是"各尽所能,按劳分配"。劳动的报酬由个人支配,这样"各人的口味与需要在质量上或在数量上都不是而且也不能是彼此一样"。即使到了共产主义时代,在按需分配的条件下,各人的口味和个人生活上的差异仍然是存在的,正确地领会与贯彻"大集体、小自由"的精神,就更能使人们正确地看待公共食堂与每户厨房的关系问题。公共食堂与每户厨房的并存,不仅不会阻碍集体生活的发展,相反还在相互间起着调节和满足生活上多种需要的作用,从而既促进生产,又便于生活。

当然,在将来产品十分丰富的时候,厨房的作用和利用率会有所降低,但并不等于厨房的取消,更不等于个人在需要和口味上差别的消失。这种差别是在用集体力量来发展生产的情况下,以集体的力量来安排社会的物质生活和文化生活的同时,允许个人安排自己的物质文化生活和需要的多种口味。拖厂职工住宅中厨房使用情况也反映了这一方面。

拖厂虽双职工家庭较多,大部分在食堂就餐,但据统计,经常在家开火的仍占调查总人数的1/3左右,如未参加工作的职工家属,有老、弱、病、幼需照顾的家庭,还不包括另有一部分平时在工厂、学校、托儿所等食堂就餐,而例假、节日在家团聚而自行开火的家庭,因此几乎每一厨房都有煤火。

由于内廊式多室户住宅单元,住户多,平时1~2家合用厨房,在例假、节日时合用更多,群众意见也较多,因此多家合用厨房造成了以下情况:

①厨房内设置炉灶多,夏季热量大,冬季煤气重,卫生条件就差;

②除洗菜池、炉灶等设备位于厨房,其他如碗橱、桌板、炊具、瓶罐、主副食都存放在居室,并在居室内进行加工,厨房未能充分发挥作用,又影响居室的整洁;

③厨房合用,在操作时难免相互影响,因而产生家务琐事和纠葛。

居民反映一家独用最好,可以存放餐具、炊具,还具备洗衣、贮存杂物等多种用途;两家合用尚可,但居住总人数不宜过多;两家以上合用在操作时就易相互干扰了。

据此情况,厨房确应以独用为主,然而结合国家的生产、经济水平以及一室户占较大比例的现实状况,独户独用势将增加国家投资。而以两个一室户合用又有着合用的可能(例如存在双职工家庭不经常使用厨房,两户的家庭人数不多等情况,所以厨房的独用与两家合用应根据适用、经济原则统一进行比较和分析,得出合理的方案)。

至于厨房面积、比例,须结合当地炉灶大小(郑州、洛阳地区以砖砌的居多,其平面尺寸为70 cm×70 cm),燃料的用量及堆放菜池、碗橱等其他设备与操作面积加以确定。外廊式住宅的厨房(见图35.7)面积虽够,设有两个灶台、洗菜池、垃圾道等,但其形状过于狭长,两家同时使用时就进出不便。

(3)厕所

在调查统计中,厕所合用占较大比例,由于分班上工,使用时间相错,一般2~3家合用,居民无多大意见,同时晨起上班时会稍感不便。在原标准较高的内廊住宅设置的混合卫生间,浴室后作贮藏之用,实际上就浪费了多余浴室面积,它与当前生活水平、器材供应不相一致,在以后的住宅中仅考虑了厕所。

(4)壁橱贮藏

拖厂住宅区在原标准较高的住宅中设有壁橱(见图35.8),居民反映使用方便,达到充分利用空间,贮存衣服、被褥、零星物什的目的;修改设计后因片面节约观点取消了必要的壁橱,因而使居室无法整洁,有的墙上悬挂物品,有的床底布满东西,一则易积尘埃,影响室内整洁,又

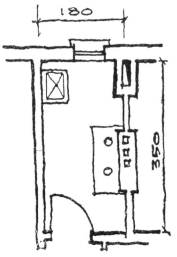

图35.7 外廊式住宅厨房布置

打扫麻烦,二来床底有潮气,居民(底层住户)要求最好布置壁橱。在当前居住水平下,主要以分隔空间、充分利用空间来达到贮藏目的的简易壁橱(见图 35.9)是经济可行的办法,但壁橱需消耗一定量的木材,因此必需发掘和利用各种经济而耐久的代用材料,制作壁橱的搁板或隔断。

图 35.8　内廊式住宅壁橱

图 35.9　简易壁橱

（5）阳台、凹廊

在内廊住宅中适当地设置内外阳台以丰富住宅建筑外造型,但数量较少,仅为点缀而已(见图 35.10)。在当前一家一室的情况下,起到了堆放物什、晾晒衣服,以及饲养小家畜(兔)、家禽(鸡)的目的,而将阳台接近户外生活、夏季纳凉、休息的作用降为次要地位,总之阳台对于三层及三层以上住户是受欢迎的。又如对廊式住宅的凹廊,住户认为其不仅解决了晒衣问题,而且在雨天又可作为儿童活动游戏之处(凹廊宽达 150 cm 以上)。阳台、凹廊不可否认在使用上有一定作用,但必须结合国家投资,对每人建筑面积进行认真的经济分析比较,以不同的住宅标准适当地设置或考虑每户设置。

（6）公共福利设施

住宅区内完备的公共福利设施及其合适的布置将给居民日常生活上带来较多的便利。由于分散的街坊住宅,原规划时仅在独立街坊布置托儿所、幼儿园等。在居住人数不断增长、儿童百分率提高的情况下,幼、托机构规模不断扩充,而原地段有一限度无法扩建,只能分设在部分底层住宅中,所以无儿童游戏及户外活动场地的单独庭院,小学在 2 号、3 号街坊设置一所,使儿童上学接送都需穿越干道。

在街坊规划时,对与居民日常生活密切相关的煤、米、油、盐等小商品零售店等缺乏周密细致的考虑,而没有留恰当的位置,因此在住宅修建后占用了一定数量的居住地建粮店、零售店等。其他如煤站则设在街坊院落内,煤土随风四起,影响了卫生与清洁。垃圾木箱也布置在庭院道旁,日久雨淋而损坏,且使垃圾四溢。在实践和规划中,垃圾的清除是一个较复杂的问题,必须引起注意,以寻求更好的解决方法。

总之,住宅区的公共福利设施布置除在大的方面如食堂、托儿所、幼儿园、小学考虑合适的地段与扩建的可能外,同样要注意对小的方面如购买日常生活用品、打开水、补鞋、缝补的考虑。

（7）绿化

我们知道住宅区中进行外部美化和绿化的重大意义，拖厂住宅区正利用了良好绿化的处理，在几个街坊内、外种植了大量的行道村和绿篱，弥补了住宅体型单调的缺点（见图35.11）。但对宅前宅后、院落平面绿化，在管理上未能组织居民有计划地种植蔬菜，因而显得有些零乱，如加以统一布置、划分地段种植，将给人更加整齐的感觉。

图 35.10　阳台外景　　　　　　　　　　　　图 35.11　街坊内部绿化一角

（8）其他方面

为使居民生活在住宅内舒适与方便，考虑到在生活上细致而多样的需要，必须在设计方面予以妥善解决，不然势将给居住和生活带来很多不便，在调查中将存在问题较多的几个方面分述如下。

①隔音。内廊住宅中的楼板（如小梁混凝土楼板、整盖板）以及平房住宅的隔断墙，前者由楼板上的走动、撞击为主要干扰声源，而后者是由于隔断不到顶仅隔天花吊顶，以致细声谈话，邻室亦能听清，这样使得夜班工人的休息、彼此生活的安宁受到了干扰，因而意见较多。

②通风。通风条件是影响居室舒适的主要因素。居民对转角单元、外廊中的部分居室毫无通风可言，意见最大。居民反映宁北不宁西，有穿堂风的西向居室只需适当的遮阳，较之无通风的南向居室，还要好些。外廊住宅仅有60%的居室有穿堂风，当为东西向时，因受太阳辐射之影响，更加难受。

③构造、材料。

a. 拖厂楼层住宅大都为纵向承重，轻质隔断，由于隔断墙为木柱填充炉渣及其他轻质材料，所以常易落灰，墙上难于钉挂镜框。

b. 门窗为便于冬季通风换气，要加设小气窗，以便空气对流。

c. 厨房内采用煤作燃料，灶不接烟道，而属虚设，今后考虑加大改作通风道或取消之。

d. 平房住宅吊顶不便打扫，并须经常维修。

表现在单体建筑上,应利用门窗与墙面配合比例、墙面线脚的划分、阳台栏板的装饰处理,使平板的墙面上有所变化。如在外廊住宅中以楼梯入口及上部不同砖色的漏窗处理,与凹廊形成了虚实的对比而较富趣味。廊边的栏杆砖砌与木制的配合在功能上能防止小孩攀登,同时也起到了一定的装饰作用。它与内廊单元笨重的圆拱门头及摇窗,使一层楼梯平台的窗户位置及光照受到了影响。又如做垂道柱式的门头,也给人一种厚重的感觉。二者在单元入口处理上产生了不同的效果。

在 10 号、11 号街坊住宅外部的山墙、檐部、屋脊增添的装饰纹样,以及三层窗腰线上部的杏色粉刷,在丰富墙面上起到一定的作用,但增加了造价。因此,如何在经济适用的原则下正确、恰当地运用装饰纹样,充分利用材料的性能,丰富住宅建筑艺术造型,将是建筑师不断探索的一个课题。

三、结束语

为了使主观正确地反映客观,符合客观的要求,我们经常有目的地进行调查研究。作为一个设计人员、教学人员也不能例外,只有通过调查研究,才能使设计意图符合人民生活居住的需要,才能更进一步体会党的建筑方针的无比正确性,才能使理论密切联系实际。通过深入地调查、访问住户、管理部门、施工单位获得了大量过去在办公室或讲台上所不能听到、看到的更为生动的东西和实际的材料。例如住宅建筑的布置方式总是在脑子里先有一个框框,行列式、周边式还是混合式,而不是根据当地的地形、气候、日照、通风等多方面因素考虑;又如在采用标准设计建造大量住宅的时候,常由于标准化、单一的住宅类型而使住宅的外观造型缺乏应有的变化,并布置在一条直线上,而不考虑正是由于采用标准设计,才对设计者如何创造适用、经济而美观三者统一的住宅提出了新的创作课题。在设计工作中只看到了事物矛盾的一面,看不到事物统一的一面,只看到了事物共性的一面,看不到事物个性的一面,归根结底,是对客观事物缺乏周密的调查研究,而调查研究的分析必须基于马克思列宁主义的普遍真理和中国革命的具体实践相结合的原则,才能使我们的设计和教学工作提高一步。以上这些是我对这次调查研究肤浅的体会,作为本文的结束,限于水平,在分析问题上必然有不正确的地方,希望同志们批评指正。

(原载于 1961 年第 4 期《郑州工学院学报》)

上篇　学术论文

下篇 评介

温故而知新

推陈而出新

不断探索　精益求精

建筑设计　贵在创新

喜闻《中国现代建筑100年》即将
问世，我对此书甚有厚望焉。书此数语，
以表贺祝之意。

张开涛

1997年5月27日，北京

《中国现代建筑 100 年》评介

　　中国的封建社会,缓缓地走过 2000 余年的漫长岁月,终于在 20 世纪初走到了尽头。20 世纪,世界发生了翻天覆地的变化,中国社会的方方面面更是如此。建筑事业,从来就是社会发展变化的晴雨表,因而,20 世纪的中国建筑,一方面,受空前活跃的世界建筑思潮一浪又一浪的冲击;另一方面,受中国社会急剧演变的影响,呈现出前所未有的动荡、短暂的低迷而后以惊人的速度发展。各种建筑思潮、流派、风格及手法等纷纷登场,各领风骚若干年。由顾馥保先生主编,中国计划出版社 1999 年底出版的《中国现代建筑 100 年》,展现了 20 世纪这 100 年间中国现代建筑的风采,20 世纪中华大地上的建筑群星在此风云际会。

一、涵盖面广,代表性强

　　全书入选的 674 项工程,都是中国 20 世纪各年代、各地区乃至全国有影响的或很有特色的建筑。

　　从地域来看,因各地发展的不平衡,各地项目的数量、规模,与当地的社会发展状况是相适应的。对较封闭的落后地区,也挖掘出一些不可遗漏的项目。台、港、澳占 71%,共 74 项,反映这三个地区现代建筑的特征,尤其是尝试中西结合的手法。编者不忌讳建筑原来的或现在的使用性质,主要是体现建筑创作这条主线,尤其是反映其技术和艺术水平。

　　从建筑类型来看,有行政办公、文化教育、医疗卫生、交通通信、展览演出、商业金融、大型综合、纪念、旅馆、居住、体育 11 大类,此外,还有一些工业宗教、公园、门楼、牌坊等其他类别。

　　从建筑的流派、风格、手法来看,有古典复兴式、文艺复兴时宫殿式、折衷主义、新古典主义、巴洛克式、洛可可式、早期现代主义、功能主义、雕塑型现代主义、现代主义、前卫现代主义、表现派、新乡土主义等。还有许多反映了不同国度的风格、特征,如意大利文艺复兴建筑风格、罗马复兴式新古典、罗马三段式、法国古典主义、法国高耸式、法国传统特色的方底穹顶、英式屋顶、美国早期仿希腊古典风格、美国芝加哥风格、近代美国摩天楼风格、俄罗斯风格、西伯利亚式、西班牙装饰、新艺术运动手法、日本现代建筑手法、日本唐殿风式曲线、阿拉伯风格、中西混合式、中国盝顶式等,几乎包含了 20 世纪世界各种建筑流派、风格和手法。

　　从建筑师群体来看,编者对中外建筑师的作品一视同仁。外国建筑师有好几十位,分属于日、英、美、法、德、意、匈、俄、苏、加、奥、瑞士 12 个国家。他们的作品,或多或少地反映了域外情调和技巧,也有模仿中国传统形式的,这些作品,对中外建筑文化的交流起了启迪作用。

　　入选作品的中国建筑师有几百位,可以说是中国现代建筑创作薪火相传的几代人。在最早一批的建筑师中,除大家熟悉的吕彦直、庄俊、梁思成、杨廷宝、童寯等外,还有一大批鲜为人知的建筑师,如沈琪、许宋忠、苏复轩、李锦沛等 20 几位。这些早期建筑师及其作品,反映了他们对中国早期现代建筑的探索,在中国现代建筑史上占重要的开创性的一页;在 20 世纪 50—60 年代,戴念慈、张博、张开济、林乐义等一大批建筑师,在百废待兴的时代,创作出大量朴实、稳重、讲究适用的作品;在经历 20 世纪 60 年代后期和 20 世纪 70 年代的低迷后,终于盼来了千载难逢的建筑创作的春天,外来建筑思潮涌入中国,老、中、青建筑师解放思想、大胆创作,建筑师中呈现出群星灿烂的喜人局面。以齐康、关肇邺、佘畯南、钟训正、张锦秋、陈世民、马国馨、邢同和等为代表的中国建筑师,推出大批富有时代气息的优秀作品,遍布祖国大地。以崔凯为代表的希望之星,已露尖尖角。从该书中,清晰地看到几代中国建筑师创作的轨迹。

二、以建筑创作为主线,进行精辟的评析

编者对作品的筛选虽然涵盖面广,但对作品的评析却不求面面俱全,而是紧紧围绕建筑创作这条主线,简单扼要地介绍相关的背景材料,有气候、地理、地貌、风俗习惯的具体条件,强调建筑与环境的关系。如长春电影宫的评析"设计结合地形高差,迭落布置,减少了土方,同时使整个建筑具有强烈的韵律感;有时代思想文化底蕴方面的来龙去脉",指出建筑的基本特征,属何建筑风格,采用什么样的设计手法。如对台北宏阁大厦介绍"它反映了设计者想把中国传统文化包括佛教禅宗文化融入建筑造型的执着追求";指出该建筑在当时、当地的使用性质、地位及影响,后来的改建扩建也加以说明,最主要的是强调其历史价值。如称清末陆军部"是北京清末官方等级最高、规模最大的一组西式建筑群……此建筑是由中国人设计的早期近代建筑代表作品"。

这些分析,本着实事求是的态度,先列出最起码的建造年代、地点、规模、经济指标和设计者。注意掌握分寸,不夸大,也不抱偏见,着重谈特点、优点,有话则长,无话则短。有些影响较大的项目,就不惜笔墨讲深、讲透。普通作品,重点介绍独到之处,对拉萨饭店的介绍:"高低不同的大台阶,檐口收分,窗罩、藏式柱……别具民族特色,可谓古今中外融于一体而仍不失现代感。"因此,对数百项作品的评析,看不出互相套用、雷同的语言,也看不到以分类笼统地介绍的省力手法,反映出编者高度的责任心和剖析能力。还值得提出的是,有些评析不仅精辟,还富于文采乃至诗意,如"虚实参差,先抑后扬,互为对景,以达到小中见大、闹中取静效果","大片湖面,临水卧波,波光粼粼,简洁明净……",若读散文,增加可读性和欣赏性。

三、钢笔画精确细腻,作品形象一目了然

建筑的外观造型是建筑创作成败的又一重要因素,建筑创作除必不可少的文字说明外,最主要的是以图来表达,外观造型只能以形象的建筑画来展现。设计是如此,评价作品也应如此,图的形象给人以百闻不如一见的印象。文字是从理论上深入细致地分析,图文不能互相替代,而只能是相得益彰。值得庆幸的是,这部书中每一作品均有较如实地表现作品外观形象的钢笔画,与精辟的文字相辉映,文笔隽永,形象鲜明。钢笔画描绘得相当认真、细致、准确,在当今浮躁之风盛行的大环境下,能耐下心来描绘这几百幅图,实在太珍贵了。读者尽可在图文并茂的书中轻松地阅览,通过欣赏建筑画去深刻领会建筑作品的精华所在,提高阅读兴趣。

顾馥保先生以缩龙成寸的手法,有骨有肉有气质地评析中国现代建筑的百年历程,写成《中国现代建筑百年简述》作为该书的序文,其中指出,该书"试图定位于建筑创作这一主线,探寻创作的历史脉络,但未能对更深的层面进行开掘,更难以概括全面,大量的研究有待于以后深入进行"。确实如此,将祖国大地百年来有代表性的建筑作品浓缩在 33 万字、600 余幅建筑画、24 个印张的一部书中,不得不割爱平面

图或精彩的内部空间、细部，也肯定会遗漏一些优秀作品。

从展现现代中国建筑百年风采的角度来说，是较完整、翔实、珍贵的中国现代建筑史史料性著作。但若从更高更深层面来探索各项优秀作品及建筑师的创作思想、手法，该书搭起了一座坚实、有序的框架，为后人的深入研究提供翔实的史料和可资参考的导向。

郑振纮

传统和现代完美的结合
——刘延涛艺术馆评述

刘延涛艺术馆是台湾教育家王广亚先生捐资兴建的。建筑面积 4800 m², 1997 年建成。它位于郑州市顺河路与城东路交叉口的西南处,基地原为紫荆山公园的蔷薇园,其东北部为商代古城墙遗址。规划要求留出 40 m 宽的保护区,总体上将艺术馆布置在基地的西南角。建筑外部空间借助环境的配置、绿化的烘托,留出大面积的广场,这样既保护了遗址,又避开了干道上的喧杂交通,有利于参观人流、车辆的组织,整体建筑也有了适宜的观赏视距,为艺术馆增添了舒展、高雅、宁静、玲珑之感。

功能、环境、造型是一般中小型公共建筑的主要方面,但如何恰当地融合与表现却体现出设计者的构思和创作功力。笔者通过参观、学习,拟从以下三方面谈一些体会,希望得到同行们的指正。

一、功能与环境是建筑创作的要素

艺术馆主体二层,局部三层。在平面布置上采用了开敞内庭院回廊组合各个展室、休息室、画室、办公室等部分的传统布局。矩形平面功能分区明确、动静分明、人流组织有序、简洁而又互不干扰。结合北向入口,将连续尽端的方形展室作 45°的旋转,既打破了连续回廊的空间单调感,又使回廊曲折有致,加之回廊转折处小庭院透过景窗的竹林,绿化视线所及,融入了传统园林步移景异的效果。其他如折形楼梯、水池、护栏、铺地、绿化、小路等,使内庭院增添了休息及观赏视点,从而使艺术馆空间层次丰富,充满了生机。

二、继承和创新是建筑创作的主题

该设计在平面上打破了传统四合院的对称布局,融合了现代母题的手法,重复的矩形依次排列,整齐而有变化。在主轴线上形成了主次分明的平面布置。造型上吸收传统建筑符号的意象,以简练、现代的手法加以表达,对艺术馆端庄、灵巧、起伏的体型作了轮廓处理。

入口处使用了极富传统特色的牌楼式雨篷,四根粗犷的红色中式通天柱支撑着蓝紫色琉璃瓦覆盖的斜面檐口,构成仿汉阙式的入口形象。黑色花岗石上金黄色的"刘延涛艺术馆"馆名,在大面积白色墙体的映衬下,格外引人注目。入口左侧屋面采用坡屋面,右侧二层是平屋面。檐口都是倒梯形,斜面上层层叠叠的蓝紫色半圆琉璃瓦,辅以间断式重复的矩形檐口,形成了一个个马头墙式的屋面外轮廓,极具民族特色,又有较强的节奏感和韵律感。东立面庄重大方,各部分体量均衡,高低错落有致,虚实对比强烈,色彩搭配淡雅、和谐。作为次入口的北立面和南立面,也是重复着同样的韵律,形体变化更是凹凸有致。内庭院和三个小庭院的传统设计与其细部三角形、矩形组合的几何形状点缀,相得益彰,显得生气勃勃。多种元素在整体中获得了统一。艺术馆在形象上和精神上也体现了历史文化的延续,既继承传统,又有所创新,加强了时代性。

三、细部与品位是创作个性的体现

一项优秀的设计,就其外部设计而言,不仅要着眼于环境、体量、体型等,还需要有合宜的细部设计来完善。建筑物是一个有机的整体,只有做到局部与整体的有机结合,才能具有耐人寻味的表现力。完美的建筑物,其重要因素就在于它具有经过推敲、尺度适宜的细部设计。没有细部,建筑物就谈不上具有传统的魅力、个性和品位。

艺术馆入口形式、位置的选择,柱子、斜面檐口的比例、尺度、色彩以及窗楣、窗形、线脚的处理,都是精心考虑的。特别是入口两侧实墙面上简洁的菱形窗,周边瓷砖贴面以及与之相连的竖向线条划分,更增添了灵巧与秀美,成为立面上的点睛之笔。内庭院中的青石小路划分出三个绿化带,其中水池的形状、位置和折形楼梯的关系,三个小庭院的形状、大小、位置,花栏、景窗几何形状的设计,既有特色,又和谐统一,增添了动感和活力。加之地面上铺地面砖的排列,外墙面上条形瓷砖的贴法,都体现了设计意图。

纵观整个艺术馆,庭园空间中对景、借景手法的熟练运用,各个细部几何形状的统一处理,现代装饰材料、灯光的恰当使用,等等,形成了动与静、曲与直、实与虚、具体与抽象相映相融的综合效果,也显示了艺术馆设计者——郑州工业大学建筑设计院研究所顾馥保教授的理论功底、创作水平和认真的设计态度。设计者为此付出了艰辛的劳动,同时,也正是由于建筑细部的精细处理,增强了艺术馆的整体表现力,亦恰如其分地体现出艺术馆的文化品位,突出了艺术馆的时代感和鲜明的民族特色。

当然,艺术馆也有不尽如人意的地方。如甲方自行在庭院中一隅移置广亚亭,由于比例、柱径及屋面色彩的处理欠妥,无疑给庭院加了一处败笔。此外,由于施工、经费等方面的原因,在内廊的柱面、花饰、檐口等细部上显得有些单调,未能体现出创作者的意图。折形楼梯上原设计还有一个玻璃罩,当人们走在楼梯内时,在阳光照耀下熠熠生辉,使人们在艺术馆中感受到两种文明在这里交汇的视觉效果,可惜施工中没有做出来。

尽管如此,刘延涛艺术馆也不失为一个有特色的优秀设计作品,它的淡泊、高雅,加上绿化,广场的开阔、通透,无疑地在一片喧嚣闹市中留出了一片文化天地,为郑州市的文化氛围增添了浓浓一笔,从而得到社会的承认和广泛好评。

注:刘延涛艺术馆已更名为升达艺术馆。

201

贾志峰
(原载于 1998 年第 3 期《南方建筑》)

《顾馥保建筑设计作品集》前言

时光荏苒，寒来暑往。

顾馥保教授是河南省建筑教育的创办人之一。郑州大学建筑学专业从 1959 年开始招生，现已发展成为具有建筑学、城乡规划学和风景园林学学科专业的建筑学院，成为我国中部地区重要的建筑教育基地。

顾老师 50 多年的教学生涯，励精图治、兢兢业业，为河南省和国家社会经济建设培养了一批优秀的建筑设计人才，为河南省建筑教育和建设事业的发展作出自己的努力和贡献。

建筑学是一个综合性和实践性很强的专业，以顾老师为代表的老一辈教师在建筑设计教学中强调理论与实践相结合，注重学生的基本功训练和新教学方法的引入，强调整体环境观的形成和学生综合素质的培养，为郑州大学建筑学院教学特色的形成打下了基础。早在 20 世纪 80 年代初建筑学专业恢复招生，顾老师就积极推动在建筑初步教学中进行构成教学的改革和实验，是国内进行建筑构成教学最早的教师之一，取得了丰硕的成果。1984 年在河南饭店的招标评比中，顾老师指导当时的郑州工学院土建系建筑学专业 81 级学生参赛，有两个方案入围，为建筑学专业的教育和发展确立了信心与方向。

顾老师在教学的同时，注重对青年教师和研究生设计实践能力的培养。从 20 世纪 60 年代的设计组、20 世纪 80 年代初的土建系设计室，到郑州工学院（现郑州大学）综合设计研究院，为加强青年教师实践能力的培养起到重要的作用。1986 年开始指导研究生从事建筑创作的设计实践，更加注重理论与实践的结合。尤其是退休后，成立了郑州大学综合设计研究院"顾馥保建筑创作中心"，全身心投入自己钟情的建筑创作以及建筑设计理论的编著工作，如《中国现代建筑 100 年》《商业建筑设计》《城市住宅建筑设计》《建筑形态构成》等，为建筑创作与理论水平的提升作出了贡献，2011 年被评为河南省工程勘察设计大师。

在《顾馥保建筑设计作品集》出版之际，向顾馥保教授表示由衷的祝贺！

作品集包括顾老师不同时期的作品，展现了顾老师严谨的创作思想和深厚的设计功力，如 1978 年设计的禹县宾馆和 1980 年设计的郑州工学院小礼堂，作品以朴实的风格、美观的造型、经济的造价，体现了现代建筑的设计思想，给 20 世纪 80 年代河南省的建筑创作带来影响，也成为当时建筑学专业学生学习的范例。

进入 21 世纪，顾老师更是不辞辛苦、潜心创作，设计成果进入大丰收时期，如漯河市体育馆、南阳理工学院国际会馆、郑州升达艺术馆等项目，作品涉及公共建筑、居住小区、高层综合楼、景观小品等各种类型，并与时俱进，运用和融合了当代建筑设计的新观念、新技术、新方法，在设计理念和水平上达到了崭新的高度。

祝愿顾老师的建筑创作之树常青！

执笔：郑东军（郑州大学建筑学院教授，副院长）

2015 年 1 月 20 日

《顾馥保建筑设计作品集》序

教书育人、授业解惑,乃教师之根本;建筑创作、付诸实践,乃建筑师之神往;二者结合,既教书育人、传授知识,又有建筑实践,拥有大量被社会认可的建筑作品,是每一位建筑师一生追求的最高境界。顾馥保先生就是这样一位受人尊敬的教授、著名建筑师,在耄耋之年将自己精心创作的设计作品及建筑实录汇集成册,奉献给大家。这是顾先生多年来建筑创作的结晶,凝练了顾先生多年建筑实践积累形成的独特设计手法,反映了顾先生建筑创作所体现的时代特征与建筑风格。

作为建筑教育家,顾馥保先生对建筑教育事业倾注了大量心血,培养了一批又一批的建筑新秀,如今活跃在河南省建筑界的许多建筑精英,大多受过顾先生的熏陶与教诲。顾先生退休后仍不辞劳苦,奔走在建筑教育第一线,常常应学界邀请作学术报告,挤出业余时间总结教学经验、著书立说。顾先生的建筑钢笔画非常有特点,速写功夫过硬。顾先生经常教育学生要练就过硬的手上功夫,才能帮助建筑创作与构思。1999 年在他主编的《中国现代建筑 100 年》书稿中,全书所有插图均是采用钢笔画的技法,当时正逢夏季酷暑,顾先生更是挥汗如雨亲自上阵,用钢笔画绘制了大部分插图示范。

作为资深的知名建筑师、河南省首批工程勘察设计大师、国家一级注册建筑师,顾馥保先生以他深厚的学术功底、精深的专业知识,付诸实施了一批遍及省内外的建设项目,创作的优秀建筑作品更是不胜枚举。顾先生常常告诫身边的建筑创作人员,不要以工程项目的大小取胜,而是以项目创作的质量论道,以创作建筑精品的态度认真对待每一个建设项目。如 1999 年设计的"南阳理工学院国际会馆",1996 年设计的"郑州升达艺术馆"及 2003 年建设的"红旗渠展览馆",这些"小项目",顾先生都视作创作良机,倾注了满腔热情,多次修改、反复推敲,建成后在社会上引起了很大反响,多次被评为省、市优秀建筑;再如京珠高速刘江黄河大桥"拱门",凡是开车走过京珠高速的人在经过黄河大桥时,都对大桥两端气势如虹的"拱门"留下深刻的印象。

社会在发展,城市在转型,建筑在创新,愿顾馥保先生的建筑创作之路更加辉煌!

执笔:许继清(郑州大学综合设计研究院总建筑师)
2015 年 1 月

把一生献给挚爱的事业

——记河南省勘察设计大师顾馥保教授

他将毕生精力奉献给挚爱的建筑事业,他将智慧和汗水倾注在中原沃土,他用一生矢志不渝的奋斗诠释着一个学者无怨无悔的人生追求……他就是业内赫赫有名、德高望重的郑州大学综合设计研究院创作中心主任顾馥保教授。50多年来,顾教授始终坚定地行走在建筑学研究、教学与建筑创作实践的道路上,勤勉敬业,踏实奋进,多年的教师生涯育人无数,桃李满门,而以他的名字命名的建筑中心设计创作的建筑作品也如同鲜花一般开遍大江南北。

顾馥保,1933年11月出生于上海,1956年毕业于南京工学院(今东南大学),历任天津大学、郑州工学院、郑州大学助教、讲师、副教授、教授。国家一级注册建造师。河南省土木建筑学会第四届副理事长。1984年任郑州工学院土建系副主任,1991年任建筑系主任,1992年起享受国务院政府特殊津贴,期间曾任华北水利学院、河南工业大学兼职教授;1989年由国家公派至美国内布拉斯加州立大学建筑学院做高级访问学者;在美国维琴尼亚理工大学建筑学院做高级访问学者;1994年在加拿大麦吉尔大学做高级访问学者;2011年被评为首批河南省勘察设计大师。

投身建筑 志存高远

顾馥保自幼勤奋好学,从上高中起,他开始喜欢上了绘画与音乐,受父亲的指点,在课余时间师从马海建筑师事务所I.Pakidoff建筑师学习素描及制图。也就是在这个时期,他萌发了投身建筑事业的愿望,在高考填报志愿时,他一连填写了三个建筑学专业,并立志成为一名建筑师。1951年他如愿以偿地进入南京工学院建筑系,在素描、水彩方面得到了李剑晨教授的亲授,在专业方面师从我国建筑史上"建筑四杰"中的杨廷宝、刘敦桢、童寯,此外还有刘光华先生等建筑大师。扎实的绘画功底、极高的美学素养和丰富的专业知识,为他今后的建筑设计奠定了坚实的基础。

1956年毕业后至今,50余年来他一直从事建筑设计教学与建筑创作。他以"深化基础、拓宽专业、扩大交流、加强实践"为教学理念,理论与实践相结合,培养了大批人才。在建筑设计创作与研究中多次获得奖项,如新村房屋建设河南省重大科学技术成果奖(1978年)等,先后获省优秀建筑设计奖多项。

自20世纪80年代改革开放以来,随着经济的飞速发展,建筑在规划、设计、施工、管理各个方面进入了一个新的历史阶段,住宅建设的规模之巨、速度之快、质量之高、环境之佳达到了前所未有的高度。这一进程也将城市住宅建设推向了房地产市场,房地产业经历了由"无市场"到市场复苏、发展、振兴的过程。作为这一历史进程的亲历者,顾教授也成为先辈"安得广厦千万间,大庇天下寒士俱欢颜"居住理想的践行者,几十年间,他亲身参与无数个建筑项目,仅2001—2013年,就做了大大小小二十几个项目,经团队的合作,大部分都已付诸实践。

2011 年,他成立"顾馥保建筑创作中心",不仅亲自做方案草图、推敲节点大样,而且经常深入工地,亲自指导施工。淅川县福森半岛假日酒店就由他全程设计完成,还有安阳电信局营业厅大楼、京珠高速公路郑州黄河大桥拱门、格林度假山庄、漯河体育馆等建筑精品都融入了他的设计理念。

顾馥保教授的建筑设计创作,在我国建筑界有广泛的影响,并得到很高评价。他的建筑画更是有口皆碑,在前辈中是佼佼者。其作品端庄醇厚、简明朴实、直率奔放、潇洒飘逸,表现出顾老师对建筑美学的理解和建筑设计创作的深厚功底。

"莫道桑榆晚,为霞尚满天。"从少年立志到走过 50 多载春秋,峥嵘岁月,顾教授默默奉献的精神铸就了一座无言的丰碑,墨线纵横描绘的万千大厦是他用生命谱写的华美篇章。

挚爱事业 心怀民生

在顾教授眼中,他的建筑首先是有生命的,他把他的人生经历、对生命的感悟和对生活的理解,通过他的建筑鲜明地展现在我们的面前。每一个建筑作品,无论大小,无一不渗透着他审美理想之光的烛照,同时以追随时代发展、因地制宜、传统与创新相结合为创作理念。在建筑设计中,顾教授十分重视中国国情,注重整体环境,吸取并运用中西建筑传统经验和手法,使得他的建筑作品达到风格凝重静穆、完美和谐的审美境地。

在他所有的建筑设计中,有三座小型文化建筑的设计集中体现了他高超的设计艺术。一是郑州市升达艺术馆,位于商城遗址保护范围圈,其风格洗练、凝重、肃穆而隽永。顾教授在设计中融入深厚的美学思想,让建筑彰显着古朴而大气的艺术魅力。二是南阳理工学院国际会馆,通过面与面之间的层次,以及虚实的强烈对比,加强了斜面的视觉冲击力。由日本友人资助,建成后得到业界的赞赏与肯定。三是林州红旗渠分水岭展览馆,以连廊的隔围与通透、视线的收放,使平面形态的节奏与空间秩序丰富而生动。

这三个作品通过对基地条件、功能特点的分析及与甲方对话,面对投资低等不同的制约条件,在一些共同的类型特征下体现了各自鲜明的个性,体现着庭院的魅力,中西交融、古今融汇的建筑创作手法。顾教授说,我们走过建筑创作步履维艰的年代,"适用、经济、美观"打下的深深烙印难以忘怀,如今又面临建筑作为商品的汹涌大潮,与世界"接轨"的形势,创作的多元化时代。手法的堆砌与融汇、借鉴与创新,难以像小葱拌豆腐那样一清二楚,只有紧紧把握创作机遇,多一点理性,少一点拼凑;多一点文化思考,少一点浮躁;多一点现代感,少一点时尚,用关爱作品的意识,倾注精力,去做好每一个设计,力争为建筑园地添花增色。

对于顾馥保教授的学术造诣与成就,中国科学院院士、著名建筑学家齐康有着公允而剀切的评价,他在顾馥保作品集的序言中写道:

1952 年 8 月我毕业于南京工学院(现东南大学)建筑系,留校任助教工作,顾馥保是我的同师好友。他的建筑设计成绩十分优秀,1956 年毕业后,顾馥保分配到了郑州工学院任教。在长期的教学、科研设计工作中,作出了出色的成绩,培养的学生遍布全国各地。顾馥保教授在地处中原的郑州,在开创与建设当地的建筑学科中,起了重要的作用。由于工作的关系,我也有机会经常学习他的设计作品。

一位建筑师的创作作品离不开时代的感召和影响,离不开同辈人的相互学习,以及向国内外优秀建筑作品的学习,顾教授的作品因时、因地,求得环境的和谐,在风格上力求朴实、大方、无华,做到了此时、此地、此情和彼时、彼地的配合。他的设计十分重视功能的合理性和建筑艺术表现,特别是在平面的空间组织和整体的尺度、比例陪衬上,力求获得整体的统一。在建筑作品的艺术创作上有许多独创的手法。

当今的建筑创作,有一些片面追求豪华,追求高标准,甚至脱离国情和地区的实情,在这种滋长的风气中,他的作品以一种"平凡"之气,显得更加珍贵和清新。

这一评论客观地反映出顾教授的创作风格,也反映出他扎根于中原大地为建筑业发展作出的卓越贡献。

谈到这些年来从事建筑研究和建筑设计工作的体会,顾教授说,"建筑设计懂很容易,但操作起来很难。对于建筑师关键是要善于总结,要把理论和实践很好地相结合,无论是从理论上、实际交流和方案表达上都要不断提高,不断积累,在市场中不断锤炼。每做完一个项目,我都要总结一下经验。"

谈到近年来城乡建设日新月异的变化,顾教授在为快速发展的城市化感到欣慰的同时,也心怀着一丝担忧。他说,城市化进程过快带来许多问题,例如,农村城镇化改变了农民的生活方式,农民离开乡村到城市就业与生活,并不能享受与城市居民同等的权利,未能真正融入城市社会。此外,城市化进程中如何更好地保护传统建筑是一个很重要的课题,一些建筑就是一个时代的代表,我们要树立城市新形象,也要守住一个城市的灵魂。他呼吁随着现代化的发展和提高,城市管理的水平也要进一步提高。

桑榆未晚 笔耕不辍

"日既暮而犹烟霞绚烂,岁将晚而更橙橘芳馨,故末路晚年,君子更宜精神百倍。"采访中,顾教授动情地说,我深爱着建筑事业,退休后我仍然不放弃事业,投身建筑。多年来无论在郑州大学建筑学院的讲堂上,还是在郑州大学综合设计研究院顾馥保建筑创作中心的办公室,以及在建筑施工现场,他总是默默耕耘,以淡泊宁静之德,潜心探索,路漫漫而不畏艰难,他不仅是我们的良师益友,更是我们的楷模榜样。

50多年矢志不渝、笔耕不辍。他发表过40多篇论文,编著了十几部著作,其中《现代景观设计学》《建筑形态构成》是普通高等院校建筑专业"十一五"规划精品教材。为了让学生们更好地理解建筑发展历程,顾教授以"究天人之际,通古今之变"的历史思维的时间尺度和空间尺度,在晚年编撰成书《中国现代建筑100年》,回顾了100年来中国现代建筑的创作历程,座座建筑无一不折射出政治、经济、文化、生活方面的演进与变化。建筑无疑从多角度、多方位地记录了一个世纪里我国社会的变迁。建筑是历史的见证,文化的显现,是"石头的史书"。我国著名建筑师张开济对此书寄予厚望,称赞顾教授不断探索、精益求精的精神。

50多年教学生涯,桃李满天下。如今他的学生遍布大江南北,已成为建筑行业的中坚力量。2011年顾教授被评为河南省首批工程勘察设计大师。位列其间的还包括他的学生徐辉,他成立的河南徐辉建筑工程设计事务所,是河南省首批经建设部(今中华人民共和国住房和城乡建设部)批准设立的具有建筑工程综合甲级设计资质,且是河南省唯一一家以个人名字命名的建筑工程设计机构,现已位居河南地区民营建筑设计企业前列,赢得了良好的口碑和知名度。此外,郑州大学建筑学院院长张建涛、上海建工总建筑师章迎尔、武汉市建筑设计院院长张振华等都是顾教授的得意门生。

竹坚雅操,傲就琅玕。将挚爱的教学工作与钟情的建筑创作相结合,是顾教授一生的追求,也使得他愈发年轻、充满活力。守真志满，春风育物，以德育才，无论是教书育人还是建筑创作，顾老师都兢兢业业、认真执着、孜孜以求。他把青春、理想、激情无私奉献给了国家的建设事业，他身上体现的是矢志不渝、艰苦奋斗的情怀，是埋头苦干、精诚奉献的优良作风，是与时俱进、勇往直前的进取精神。希望老一代建筑学者的治学精神能在我们年轻一代身上得到继承和发扬，时刻鞭策着我们前进。

《中州建设》记者　安源

（原载于 2013 年第 11 期《中州建筑》）

图书在版编目(CIP)数据

顾馥保文集/顾馥保著. —武汉:华中科技大学出版社,2018.2
(中国建筑名家文库)
ISBN 978-7-5680-3481-4

Ⅰ.①顾… Ⅱ.①顾… Ⅲ.①建筑学-文集 Ⅳ.①TU-53

中国版本图书馆 CIP 数据核字(2018)第 020685 号

顾馥保文集 顾馥保 著
Gufubao Wenji

责任编辑:简晓思
封面设计:赵 娜
责任校对:刘 竣
责任监印:朱 玢
出版发行:华中科技大学出版社(中国·武汉) 电话:(027)81321913
　　　　　武汉市东湖新技术开发区华工科技园 邮编:430223
录　排:华中科技大学惠友文印中心
印　刷:武汉市金港彩印有限公司
开　本:889mm×1194mm 1/16
印　张:13.5 插页:4
字　数:356 千字
版　次:2018 年 2 月第 1 版第 1 次印刷
定　价:68.00 元